# 农业低碳生产综合评价与技术采用研究
## ——以施肥和保护性耕作为例

Comprehensive Evaluation of Agricultural Low-carbon Production
and Adoption of Low-carbon Technology
—Taking Fertilization and Conservation Tillage as Examples

王珊珊 著

经济管理出版社
ECONOMY & MANAGEMENT PUBLISHING HOUSE

**图书在版编目（CIP）数据**

农业低碳生产综合评价与技术采用研究：以施肥和保护性耕作为例 / 王珊珊著. —北京：
经济管理出版社，2019.2
ISBN 978-7-5096-6400-1

Ⅰ.①农… Ⅱ.①王… Ⅲ.①施肥—资源利用—研究 ②资源保护—土壤耕作—研究
Ⅳ.①S147.2 ②S341

中国版本图书馆 CIP 数据核字（2019）第 028042 号

组稿编辑：宋　娜
责任编辑：李红贤
责任印制：黄章平
责任校对：赵天宇

出版发行：经济管理出版社
　　　　　（北京市海淀区北蜂窝 8 号中雅大厦 A 座 11 层　100038）
网　　址：www. E-mp. com. cn
电　　话：（010）51915602
印　　刷：三河市延风印装有限公司
经　　销：新华书店
开　　本：720mm×1000mm/16
印　　张：14
字　　数：234 千字
版　　次：2019 年 5 月第 1 版　2019 年 5 月第 1 次印刷
书　　号：ISBN 978-7-5096-6400-1
定　　价：98.00 元

　　本书获国家自然科学基金青年项目"不同类型农户的农业碳排放行为差异研究—以化肥为例"（项目编号：71303162）、中国博士后科学基金第10批特别资助项目"农户分化背景下保护性耕作农机服务的采用研究"（项目编号：2017T100506）、中国博士后科学基金第54批面上资助项目"低碳视角下不同规模农户施肥行为差异及其决定研究"（项目编号：2013M541253）、中国博士后科学基金第59批面上资助项目"基于碳汇功能的保护性耕作生态效益补偿机制研究"（项目编号：2016M590647）的资助。

# 序　言

　　博士后制度在我国落地生根已逾 30 年，已经成为国家人才体系建设中的重要一环。30 多年来，博士后制度对推动我国人事人才体制机制改革、促进科技创新和经济社会发展发挥了重要的作用，也培养了一批国家急需的高层次创新型人才。

　　自 1986 年 1 月开始招收第一名博士后研究人员起，截至目前，国家已累计招收 14 万余名博士后研究人员，已经出站的博士后大多成为各领域的科研骨干和学术带头人。其中，已有 50 余位博士后当选两院院士；众多博士后入选各类人才计划，其中，国家百千万人才工程年入选率达 34.36%，国家杰出青年科学基金入选率平均达 21.04%，教育部"长江学者"入选率平均达 10%左右。

　　2015 年底，国务院办公厅出台《关于改革完善博士后制度的意见》，要求各地各部门各设站单位按照党中央、国务院决策部署，牢固树立并切实贯彻创新、协调、绿色、开放、共享的发展理念，深入实施创新驱动发展战略和人才优先发展战略，完善体制机制，健全服务体系，推动博士后事业科学发展。这为我国博士后事业的进一步发展指明了方向，也为哲学社会科学领域博士后工作提出了新的研究方向。

　　习近平总书记在 2016 年 5 月 17 日全国哲学社会科学工作座谈会上发表重要讲话指出：一个国家的发展水平，既取决于自然科学发展水平，也取决于哲学社会科学发展水平。一个没有发达的自然科学的国家不可能走在世界前列，一个没有繁荣的哲学社会科学的国家也不可能走在世界前列。坚持和发展中国特色社会主义，需要不断在实践中和理论上进行探索、用发展着的理论指导发展着的实践。在这个过程中，哲学社会科学具有不可替代的重要地位，哲学社会科学工作者具有不可替代的重要作用。这是党和国家领导人对包括哲学社会科学博士后在内的所有哲学社会科学领域的研究者、工作者提出的殷切希望！

中国社会科学院是中央直属的国家哲学社会科学研究机构，在哲学社会科学博士后工作领域处于领军地位。为充分调动哲学社会科学博士后研究人员科研创新的积极性，展示哲学社会科学领域博士后的优秀成果，提高我国哲学社会科学发展的整体水平，中国社会科学院和全国博士后管理委员会于2012年联合推出了《中国社会科学博士后文库》（以下简称《文库》），每年在全国范围内择优出版博士后成果。经过多年的发展，《文库》已经成为集中、系统、全面反映我国哲学社会科学博士后优秀成果的高端学术平台，学术影响力和社会影响力逐年提高。

下一步，做好哲学社会科学博士后工作，做好《文库》工作，要认真学习领会习近平总书记系列重要讲话精神，自觉肩负起新的时代使命，锐意创新、发奋进取。为此，需做到：

第一，始终坚持马克思主义的指导地位。哲学社会科学研究离不开正确的世界观、方法论的指导。习近平总书记深刻指出：坚持以马克思主义为指导，是当代中国哲学社会科学区别于其他哲学社会科学的根本标志，必须旗帜鲜明加以坚持。马克思主义揭示了事物的本质、内在联系及发展规律，是"伟大的认识工具"，是人们观察世界、分析问题的有力思想武器。马克思主义尽管诞生在一个半多世纪之前，但在当今时代，马克思主义与新的时代实践结合起来，越来越显示出更加强大的生命力。哲学社会科学博士后研究人员应该更加自觉地坚持马克思主义在科研工作中的指导地位，继续推进马克思主义中国化、时代化、大众化，继续发展 21 世纪马克思主义、当代中国马克思主义。要继续把《文库》建设成为马克思主义中国化最新理论成果宣传、展示、交流的平台，为中国特色社会主义建设提供强有力的理论支撑。

第二，逐步树立智库意识和品牌意识。哲学社会科学肩负着回答时代命题、规划未来道路的使命。当前中央对哲学社会科学愈加重视，尤其是提出要发挥哲学社会科学在治国理政、提高改革决策水平、推进国家治理体系和治理能力现代化中的作用。从 2015 年开始，中央已启动了国家高端智库的建设，这对哲学社会科学博士后工作提出了更高的针对性要求，也为哲学社会科学博士后研究提供了更为广阔的应用空间。《文库》依托中国社会科学院，面向全国哲学社会科学领域博士后科研流动站、工作站的博士后征集优秀成果，入选出版的著作也代表了哲学社会科学博士后最高的学术研究水平。因此，要善于把中国社会科学院服务党和国家决策的大智库功能与《文库》的小智库功能结合起来，进而以智库意识推动品牌意识建设，最终树立《文库》的智库意识和品牌意识。

第三，积极推动中国特色哲学社会科学学术体系和话语体系建设。改革开放 30 多年来，我国在经济建设、政治建设、文化建设、社会建设、生态文明建设和党的建设各个领域都取得了举世瞩目的成就，比历史上任何时期都更接近中华民族伟大复兴的目标。但正如习近平总书记所指出的那样：在解读中国实践、构建中国理论上，我们应该最有发言权，但实际上我国哲学社会科学在国际上的声音还比较小，还处于"有理说不出、说了传不开"的境地。这里问题的实质，就是中国特色、中国特质的哲学社会科学学术体系和话语体系的缺失和建设问题。具有中国特色、中国特质的学术体系和话语体系必然是由具有中国特色、中国特质的概念、范畴和学科等组成。这一切不是凭空想象得来的，而是在中国化的马克思主义指导下，在参考我们民族特质、历史智慧的基础上再创造出来的。在这一过程中，积极吸纳儒、释、道、墨、名、法、农、杂、兵等各家学说的精髓，无疑是保持中国特色、中国特质的重要保证。换言之，不能站在历史、文化虚无主义立场搞研究。要通过《文库》积极引导哲学社会科学博士后研究人员：一方面，要积极吸收古今中外各种学术资源，坚持古为今用、洋为中用。另一方面，要以中国自己的实践为研究定位，围绕中国自己的问题，坚持问题导向，努力探索具备中国特色、中国特质的概念、范畴与理论体系，在体现继承性和民族性、体现原创性和时代性、体现系统性和专业性方面，不断加强和深化中国特色学术体系和话语体系建设。

新形势下，我国哲学社会科学地位更加重要、任务更加繁重。衷心希望广大哲学社会科学博士后工作者和博士后们，以《文库》系列著作的出版为契机，以习近平总书记在全国哲学社会科学座谈会上的讲话为根本遵循，将自身的研究工作与时代的需求结合起来，将自身的研究工作与国家和人民的召唤结合起来，以深厚的学识修养赢得尊重，以高尚的人格魅力引领风气，在为祖国、为人民立德立功立言中，在实现中华民族伟大复兴中国梦的征程中，成就自我、实现价值。

是为序。

王京清

中国社会科学院副院长

中国社会科学院博士后管理委员会主任

2016 年 12 月 1 日

# 摘　要

　　气候变化是当今最严峻的全球环境问题，发展低碳经济是应对气候变化和保障能源安全的根本途径。农业是碳排放的重要来源，建立低碳排放型的农业产业体系，对于我国这样的农业大国尤为重要。发展低碳排放型的农业产业必须依靠农业生产主体的参与，家庭经营的农户是我国农业生产的主体，这使得我国农业产业的低碳发展必须依靠广大农户的参与。

　　针对微观农户的农业生产过程构建农户低碳生产行为评价指标体系，并对不同生产方式下农户生产行为低碳化程度进行评价，有助于引导农户认识、掌握、采用低碳生产方法、技术和经营模式。对于种植业而言，施肥和耕作是最重要的碳排放来源，有必要对其进行重点关注：在化肥施用方面，分析了粮食主产区化肥施用量增长的驱动因素和农户施肥行为的影响因素；在农田耕作方面，构建了保护性耕作碳汇效益补偿机制，并实证分析了保护性耕作农机服务实现方式及影响因素。研究内容及成果主要包括：

　　（1）分析了国内外农业碳减排及农户施肥行为和保护性耕作采用的文献。从化学要素施用及农业面源污染、环境友好型技术采用、农业要素利用效率、保护性耕作碳汇功能及补偿、农机服务市场形成及采用、农机作业补贴与保护性耕作推广等方面进行了文献综述，认为应将农业分工、农户分化等因素纳入农业碳减排分析框架，通过宏观和微观两个层面，探寻从化肥施用、保护性耕作等重点环节促进农业节能减排固碳的政策选择。

　　（2）基于生命周期评价方法构建了农业碳排放测度体系，构建起由4种排放形式、7类排放活动和15种碳排放源组成的测度体系。利用中国1985~2015年的统计数据分析了农业碳排放数量、结构和效率的变动特征。结果表明，在农业碳排放总量增长的同时，农业碳排放强度降低了50.72%，碳排放结构中能源和农用化学品引起的碳排放比重已由28.02%增至45.52%，农业碳排放逐渐由主要来自于自然源发展到能源和农用化学品与自然源的比重大致相当的状况。从长期来看，农用能源强度、氮肥在化肥中的比重和畜牧业在农业中的比重对农业碳排放强度具有正向影响，农业公共投资对农业碳排放强度有负向影响。

（3）从生产要素碳排放、生态效应和经济效益三方面构建了农户低碳生产行为评价指标体系，分别基于层次分析法和碳足迹核算的生命周期评价法确定了指标权重。在此基础上，对辽宁省辽中县稻农生产行为低碳化程度进行了评价。结果表明，碳生产率是评价农户低碳生产行为最重要的指标，其次是氮肥施用强度、土地生产率和秸秆利用率。综合评价指数平均值处于中碳区间，70%左右的农户属于中碳生产，20%左右的农户达到近低碳等级，10%左右的农户处于较高碳区间，即中碳生产占主体地位。准则层中，经济效益准则层指数较低，生产要素碳排放和生态效应准则层指数相对较高。

（4）在农村劳动力大规模流动和进城务工经商的背景下，以稻农为例分析了非农就业及伴随的农地流转对农户农业碳排放行为的影响。在对辽宁省辽中县稻农实地调查的基础上，建立Ordered Probit模型实证研究了非农就业对稻农农业碳排放行为的影响。结果表明，兼业将促进稻农的高碳生产行为，提高地块集中程度有利于稻农采取低碳生产行为，扩大种植规模将提高稻农的农业碳密度，但考虑规模经济对单产的影响，扩大种植规模可能降低农业碳成本。

（5）基于13个粮食主产省2005~2015年的数据，采用因素分解法对其化肥施用量增长的驱动因素进行了分解。结果表明，化肥施用强度提高是粮食主产区化肥施用量增长的主因，其次是播种面积增加，种植结构调整的贡献较小。但2010年以来，化肥施用强度提高的贡献在下降，种植结构调整的贡献在上升。分作物看，粮食作物的施用强度提高和播种面积增加是粮食主产区化肥施用量增长的主因，其次是园艺作物的施用强度提高和播种面积增加。分区域看，北方主产区化肥施用量增长的主因是施用强度提高，其次是播种面积增加；南方主产区播种面积增加和施用强度提高的累计贡献量大致相当。

（6）基于碳排放视角分析了非农就业、农地流转与农户农家肥施用的关系，进而考察了施用农家肥对农户化肥碳排放的影响。实证分析表明，Ⅰ兼户比纯农户转入土地的可能性更高，现有土地面积较大的农户更可能转入土地；适当从事非农就业不会影响农户施用农家肥，而农地流转则会降低农户施用农家肥的可能性；是否施用农家肥对农户的化肥碳排放程度没有显著影响，Ⅱ型兼业显著提高了农户的化肥碳排放程度。

（7）以旋耕/深松轮耕方式为例，测算出长期旋耕后进行深松的净碳汇。以机会成本为下限，以碳汇效益为上限，以受偿额度为参照标准，结合深松补贴情况，确定出保护性耕作碳汇效益补偿标准。基于山东省郯城县和宁阳县小麦种植户的调查数据，分析各种经营形态农户对保护性耕作技术采用、农机服务获取方式及影响因素。结果表明，规模农户保护性耕作技术采用程度较高，普通农户农机社会化服务采用比例较高。地块面积、核心技术认知和评价对保护性耕作技术采用有显著正向影响，科技示范户、麦—玉轮作地区比非科技示范户、麦—稻轮作地区保护性耕作技术采用程度高。农机服务实现方式方面，对保护性耕作核心技术认知和评价越高的农户自我服务的可能性越小；规模经营且流转土地年数越长越可能持有机械自我服务。

**关键词**：农业碳排放；低碳农业；农户生产行为；化肥施用；保护性耕作

# Abstract

Climate change is one of the most serious global environmental problems, and developing low carbon economy is the fundamental way of coping with climate change. As a major carbon emission sector, the development direction of agriculture in the constraints of energy and environment is to carry out low carbon production and construct the agricultural industry system with characteristics of low carbon emission. The development of low carbon agriculture must rely on the participation of agricultural producers and decentralized small farmers are the main producers of China's agricultural production, which makes that the low carbonization development of China's agricultural industry must rely on the participation of numerous small farmers.

We should construct the evaluation index system for low-carbon production behavior of farmers according to the agricultural production process and evaluate the low-carbon degree of different production modes, which will help guiding farmers to adopt low-carbon production modes. For the planting industry, fertilization and cultivation are two of the most important carbon emission sources, and it is necessary to focus on these two processes. The main sources of fertilization application and farmland cultivation are analyzed specially: in terms of fertilization application, this paper decomposed the driving factors of fertilizer application growth in China's main grain producing areas, and analyzed the influencing factors of fertilization behavior of farmers; in terms of farmland cultivation, this monograph constructed compensation mechanism for the function of carbon sink of conservation tillage, and analyzed the adoption mode and influencing factors of conservation tillage agricultural machinery service under the background of rural households differenti-ation. Main research contents and achievements were as follows:

(1) Analyzing domestic and international literatures on agricultural carbon emission reduction、 farmers' fertilization behavior and the adoption of conversation tillage. This report did a literature review on such aspects as application of chemicals and agricultural non-point pollution、 environment-friendly technology aplication、 efficiency of agricultural production factors usage、 the carbon emission reduction effect of conversation tillage and its ecological benefit compensation、 the formation and adoption of agricultural machine service market、 agricultural machine operation subsidy and the extension of conversation tillage, and concluded that future studies on agricultural carbon emission reduction should take many new factors into account including the division of labor and rural households differention in the context of current rural labor force non-farm employment、 agricultural farmland transfer and agricultural productive service market gradually forming, exploring the policy choice of promoting energy conservation and carbon sequestration in agriculture from fertilizer application、 conservation tillage and other important links through the study of macro and micro level.

(2) Constructing an agricultural carbon emission measurement system based on the method of life cycle assessment. Then the measure-ment system composed of four kinds of emission form, seven kinds of emission activity and fifteen kinds of emission source had been built up.This report utilized the statistical data of China from the year of 1985 to the year of 2015 to analyze the quantitative and structural characteristics of the agricultural carbon emission. It was shown that the intensity of agricultural carbon emission had reduced by 50.72% while the total quantity increased, and the proportion of carbon emission from energy and agrochemical had enhanced from 28.02% to 45.52%. In the past agricultural carbon emission was mainly from natural source, while now the carbon emission from energy and agrochemical roughly equaled to that from natural source. In the long run the intensity

of energy, the proportion of nitrogen fertilizer and farming had positive effects on the intensity of agricultural carbon emission, and agricultural public invest had negative effects.

(3) Applying the analytic hierarchy process (AHP) and life circle assessment method, this monograph constructed an evaluation index system of rural households' low-carbon production behaviors from three aspects of production, including factor carbon emission, ecological effect and economic benefit, and applied to analyze rural households' low-carbon production behaviors of rice farmers in Liaozhong County, Liaoning Province. Results indicated that carbon productivity was the most important indicator to evaluate rural households' low-carbon production behaviors, followed by the intensity of nitrogen fertilizer, land productivity and straw usage ratio. Sample analysis results also showed that the average comprehensive evaluation index was in medium-carbon interval. About 70% of the rural households belonged to medium-carbon production, 20% belonged to near low-carbon production, and 10% belonged to higher-carbon production, indicating that medium-carbon production dominated in agriculture. In addition, economic benefit index was lower, and production factor carbon emission and ecological effect index were relatively higher.

(4) In the context of rural labor force flowing into cities and being engaged in non-agricultural industry, this monograph analyzed the effect of off-farm employment and farmland transfer on farmers' agricultural carbon emission behavior taking rice farmers in Liaozhong County, Liaoning Province as an example. It has been seen from the ordered probit model that concurrent operation would promote high-carbon agricultural production behavior, and improving the degree of plots concentration would be in favor of law-carbon agricultural production behavior, and expanding the planting scale would raise agricultural carbon density, while considering the effect of scale economy, agricultural carbon cost would decrease.

(5) Applying factor decomposition method, this monograph analyzes

driving forces of the main grain –producing areas in China, 2005 – 2015.Results indicate that the growth of fertilizer use intensity is the main contributor to the overall growth of fertilizer use, secondly is the expansion of sown area, and the contribution of planting structure adjustment is little. But since 2010, the contribution of the growth of fertilizer use intensity has decreased, while that of planting structure adjustment has risen. The main contributor to the growth of fertilizer use in the main grain–producing areas by crops is the growth of ferti– lizer use intensity and the expansion of sown area of grain crops, and secondly is horticultural crops, while that of traditional economic corps is very small. The main contributor to fertilizer growth amount of northern grain–producing areas is the increase of fertilizer use intensity, and secondly is the expansion of sown area; and the contribution of the expansion of sown area of southern grain–producing areas to fertilizer growth amount is roughly equal to that of the increase of fertilizer use intensity.

(6) This monograph analyzed the relationship among off–farm employment, farmland transfer and farmers' input of farmyard manure in the perspective of carbon emission, and then inspected the effect of farmyard manure usage on farmer' chemical fertilizer carbon emission. It was shown that farmers of concurrent operation mainly with agricu– lture and that with larger farmland area were more likely to transfer farmland; being engaged in off –farm employment would not affect farmer's input of organic fertilizer; on the contrary, appropriate concurrent operation based on family internal rational division of labor would promote farmers to use organic fertilizer, while farmland transfer would reduce the probability of using organic fertilizer; whether using organic fertilizer had no significant effect on the degree of carbon emission from fertilizer, while concurrent operation mainly with non– agriculture greatly improved the degree of carbon emission.

(7) Taking rotary tillage/deep loosening as an example, this section caculated net carbon flux of conservation tillage. Taking the

opportunity cost as the lower limit, the carbon sink benefit as the upper limit, the WTA of farmers as reference, considering the deep loosening subsidy, the compensation standard of carbon sink benefit of conservation tillage has been determined. Under the background of rural labor force enaging in off–farm employment、 farmland transfer and agricultural machinary service market having formed, this monograph analyzes the adoption status of conversation tillage technology of different kinds of farmers、 the way of access to agricultural machinery service and the influencing factors based on the survey data of wheat farmers in Tancheng County and Ningyang County, Shandong Province. The results showed that big farmers had higher degree on adopting conservation tillage technology, while ordinary farmers had higher degree on adopting agricultural machinery socialization service; farmland area and the cognition on core technology had significant positive effects, technology demonstration households or wheat/corn rotation had significant positive effects on the adoption of conservation tillage technology. In the aspect of agricultural machinery service realization, farmers with higher cognition on core technology of conservation tillage were less likely to hold mechanical to serve themselves; on the other hand, the longer engaging in scale operation, the more likely to hold mechanical to serve themselves.

**Key Words**: Agricultural Carbon Emission; Low Carbon Agri–culture; Farmers' Production Behavior; Fertilize Usage; Conservation Tillage

# 目　录

# Contents

# 第一章 导 论

## 第一节 研究问题的由来

农业是关系民生的重要产业，同时也是碳排放的大户。据联合国粮农组织（FAO）2006 年的估计，仅从生产和养殖环节来看，种植业中耕地排放的温室气体（GHG）[①] 已经超过全球人为温室气体排放总量的 30%，农业养殖所带来的温室气体排放占全球总排放的比重已达到 18%。而根据世界观察研究所在 2009 年《世界观察》上刊登的《牲畜与气候变化》的报告，牲畜及其副产品实际上至少排放了 325.64 亿吨二氧化碳当量的温室气体，占世界总排放量的 51%，远远超过联合国粮农组织先前估计的 18%。另据权威部门估计，以目前的趋势发展，预计到 2030 年，农业源 $CH_4$ 和 $N_2O$ 排放量比 2005 年分别增加 60% 和 35%~60%。如果再加上与农业生产相联系的农产品加工与消费环节的碳排放，那么，农业温室气体排放的总量和比重将会更高。因此，将低碳的理念引入农业产业体系，建立以低碳排放为特征的农业产业体系，对于一个农业大国来说尤为重要。

中国是世界上最大的发展中国家，拥有庞大的农业生产体系，养活了世界上最大规模的人口，这决定了农业在中国具有特别重要的意义。中国的农业发展有其具体国情，中国农业生产是以分散小农户为主的生产方式，单位规模较小，地域分割并且生产细碎化。经过改革开放，中国的农

---

[①] 温室气体（GHG）包括二氧化碳（$CO_2$）、甲烷（$CH_4$）、氧化亚氮（$N_2O$）、氢氟碳化物（$HFC_S$）、全氟碳化物（$PFC_S$）、六氟化硫（$SF_6$）等，农业温室气体主要包括二氧化碳（$CO_2$）、甲烷（$CH_4$）、氧化亚氮（$N_2O$）。本书中的碳排放即温室气体排放。

业生产呈现出多元化发展的趋势，但以人、畜为主的手工劳作的传统农业生产，与应用现代机械、能源、信息、生物技术等科技手段的现代农业生产仍然并存，这就使中国农业产业的低碳化发展呈现极大的复杂性。因此，建设以低碳排放为特征的中国农业产业体系具有重要的意义。关于低碳农业生产方式的研究，对于提高资源配置和利用效率、降低中国节能减排的压力、实现中国农业经济与资源环境的协调发展具有十分重要的意义。

中国的农业生产在过去三十年中发生了较大的变化，从传统农业生产方式逐步向应用现代机械、能源、信息、生物技术等科技手段的现代农业方式转变，呈现多元化发展的趋势。但是，分散的小农户仍然是农业生产的主体。这使得中国农业产业的低碳化发展必须依靠众多小农户的参与，相关政策的制定也应当着眼于各地小农户自身的特点。因此，只有了解不同地区农户农业生产行为中的碳排放情况以及阻碍农户采用低碳生产方式的因素，找寻出一般性的规律，才能使政策的制定更具导向性和精准度。

总而言之，为应对因碳排放增加所带来的全球气候变暖问题，中国农业的应对措施和未来的发展方向就是要大力发展低碳农业生产，在此基础上构建低碳农业产业体系。那么，中国发展低碳农业的薄弱环节在哪里？中国构建低碳农业产业体系的突破口与立足点是什么？我们建设低碳农业产业体系的发展战略又该如何选择？本书将以低碳农业产业体系的构建和低碳农业生产方式的实现为核心，以农业产业链的前后向关系为线索，提出构建中国低碳农业产业体系和促进农户进行低碳农业生产行为的具体方案，为政府制定相关政策提供依据。

# 第二节　研究目的

本书从生产者行为出发，构建农业碳排放测度体系和农户低碳农业生产行为评价指标体系。在此基础上，对典型地区农业生产方式的低碳化程度进行评价。针对化肥施用和农田耕作两个碳排放主要来源，运用因素分解模型对粮食主产区化肥施用量增长的驱动因素进行分解，运用农户理论模型和计量模型分析不同类型农户施肥行为差异及其影响因素，构建保护性耕作碳汇功能生态效益补偿机制，实证分析保护性耕作技术采用及农机服务实现方式选择的影响因素，以期为建立低碳农业产业体系找寻政策着力点和目标人群。

具体目标包括以下内容：

其一，构建宏观层面的农业碳排放测度体系和微观层面的农户低碳生产行为评价指标体系，对宏观层面的农业碳排放总量、结构、效率及其决定机制进行测度和分析，对典型地区的农户农业生产行为的低碳化程度进行综合评价，并运用计量模型分析非农就业等经济、社会、环境因素对农户碳排放行为的影响。

其二，针对种植业最主要的碳排放来源——肥料施用，采用因素分解模型分析粮食主产区化肥施用量增长的驱动因素，探寻化肥施用量增长主要来自施用强度提高、种植结构调整抑或是播种面积增加；运用农户行为理论和计量经济模型，分析和比较不同规模农户施肥行为特征及采用低碳施肥技术的影响因素。

其三，针对种植业最重要的碳汇措施——保护性耕作，基于碳汇功能构建其生态效益补偿机制；采用排序选择模型，揭示农业生产主体保护性耕作技术采用程度的影响因素；采用计数模型，揭示农户分化背景下保护性耕作农机服务方式的影响因素；最后提出促进技术采用和优化农机服务供给方式的政策选择。

# 第三节　研究内容

## 一、农业碳排放测度、低碳农业评价与碳排放决定因素

1. 构建农业碳排放测度体系并进行实证研究

基于生命周期评价思想，从种养自然源、能源和农用化学品、农业废弃物处理、固碳减排措施等方面构建农业碳排放测度体系，并将其运用于中国农业碳排放总量、结构和效率的测度。

2. 构建农户低碳生产行为评价指标体系并实证

借鉴评价其他产业或行业低碳化程度的指标体系，结合农业生产的特点，针对种植业各个生产环节建立评价指标体系，确定指标权重，并对典型地区农业生产的低碳化程度进行评价。

3. 分析宏观及微观层面的农业碳排放决定因素

在宏观层面，考察化肥施用结构、农业生产结构、农用能源强度、农业公共投资等因素对农业碳排放强度的影响；在微观层面，考察非农就业、农地规模等因素对农户碳排放行为的影响。

## 二、化肥施用驱动因素与低碳施肥技术采用影响因素

1. 粮食主产区化肥施用量增长的驱动因素分解

针对种植业生产最主要的碳排放来源——肥料施用，着眼宏观层面，分析 2005~2015 年我国农业生产重点区域——粮食主产区化肥施用量增长的驱动因素，探寻这一时期粮食主产区化肥施用量的增长主要来自施用强度提高、种植结构调整抑或是播种面积增加。

2. 低碳视角下不同规模农户化肥施用行为比较

从化肥费用、施肥次数、机械施肥与否、雇人施肥与否、测土配方施肥与否等方面总结和比较规模农户与普通农户的施肥行为特征，并采用计量模型揭示不同规模农户化肥费用及测土配方施肥技术采用的影响因素。

3. 非农就业、农地流转对农户施用有机肥的影响

非农就业、农地流转与农户施肥行为之间存在一定关联。依次采用二元选择模型揭示非农就业等因素对转入土地的影响，采用二元选择模型揭示兼业、农地流转等因素对施用农家肥的影响，采用排序选择模型揭示兼业、农地规模及施用农家肥等因素对化肥碳排放程度的影响。

## 三、保护性耕作碳汇生态效益补偿与农机服务采用

1. 基于碳汇功能的保护性耕作生态效益补偿机制

针对种植业生产最重要的碳汇措施——保护性耕作，以长期旋耕后进行深松为例，测算旋耕转变为深松的净碳汇，基于实际调查数据测算耕作方式转变的机会成本损失和农户受偿意愿，综合碳汇效益、机会成本、农

户受偿意愿和调查区试点实施的深松补贴情况，确定出保护性耕作碳汇效益补偿标准，并构建补偿机制。

2. 农业生产主体对保护性耕作技术的采用

选取保护性耕作技术体系中普及程度最高的三项核心技术——深松整地、少免耕播种和秸秆还田，比较家庭农场、专业大户等规模农户和兼业化、老龄化、女性化的普通规模农户对这三项核心技术的采用程度，并使用排序选择模型揭示保护性耕作核心技术采用程度的决定因素。

3. 规模分化背景下保护性耕作农机服务的实现

耕作方式的实现可通过农机社会化服务，也可通过持有农机自我服务。在农业分工、农户分化的背景下，比较规模农户和普通小农户获取农机作业服务的方式，并通过计数模型揭示农户持有机械自我服务环节数的决定因素。

# 第四节　研究思路

本书以"农业低碳生产综合评价与技术采用"为研究主题，在文献回顾与评述的基础上，对农业碳排放和低碳农业进行总体的测度与评价研究，分别从宏观和微观层面测度农业碳排放和评价农业低碳化程度，并分析农业碳排放的决定机制；通过测度和评价，明晰了施肥和耕作是种植业中碳排放的最重要来源和固碳减排的最大潜力。

进而，重点关注肥料施用环节和保护性耕作措施。肥料施用方面，宏观上，分析我国农业生产重点区域——粮食主产区化肥施用量增长的驱动因素；微观上，结合非农就业、农地流转、农户规模和职业分化等经济社会大背景，总结和比较规模农户和普通农户的施肥行为特征，并分析不同经营规模农户低碳施肥技术采用决策的决定因素。保护性耕作方面，作为农业生产中最重要的碳汇措施，首先评估其固碳减排功能，并构建保护性耕作碳汇效益的补偿机制；其次分析和比较规模农户和普通农户对保护性耕作核心技术的采用程度及其决定因素；最后在农业专业化分工、农户规模分化的背景下，分析和比较规模农户和普通农户获取农机作业服务的方式及决定因素。

本书的技术路线如图1-1所示。

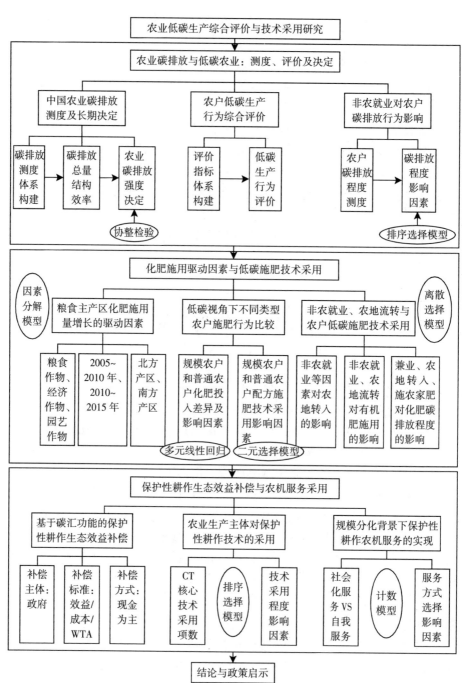

图 1-1　本书的技术路线

# 第二章  文献回顾与评述

"低碳"（Low Carbon）是与气候变化和温室效应相联系的概念。大量观测数据显示，全球气候正在发生显著变化，其主要特征是全球变暖。根据政府间气候变化专门委员会（IPCC）第四次评估报告，气候变暖毋庸置疑；人类活动排放的 $CO_2$、$CH_4$、$N_2O$ 等温室气体（GHG）所造成的温室效应是除自然因素外全球变暖的主要原因（IPCC，2007）。在温室气体中，$CO_2$、$CH_4$ 和 $N_2O$ 对温室效应的贡献约占 80%，其中 $CO_2$ 的贡献超过 50%，其次是 $CH_4$。$CO_2$ 主要来自石油、煤炭等碳基能源燃烧，$CH_4$ 和 $N_2O$ 主要来自农业活动。据估计，全球人为活动排放 $CH_4$ 的 50%、$N_2O$ 的 60% 和 $CO_2$ 的 20% 来自农业。

为控制全球变暖，必须减少 $CO_2$ 等温室气体的排放，采取一种低碳排放的发展模式。2003 年英国能源白皮书《我们能源的未来：创建低碳经济》（英国贸易工业部，2003）中最早提出了"低碳经济"（Low Carbon Economy）的概念，旨在发展"低碳经济"以应对碳基能源对气候变化的影响和保障能源安全，反映在农业中就是要发展低能耗、低污染、低排放、高效益的低碳农业。本章以下部分首先对农业碳排放与低碳农业的基本问题进行文献回顾与评述，其次重点关注农业碳排放的两个重要来源：施肥和耕作环节，针对农户施肥行为和保护性耕作生态效益补偿及农机服务采用展开文献回顾与评述，并提出进一步研究的出发点。

# 第一节　农业碳排放与低碳农业的基本问题

## 一、农业多功能性及在碳减排中的作用研究

### 1. 农业与气候变化和碳排放的关系

在农业生产体系中，植物通过光合作用将 $CO_2$ 和水合成碳水化合物，起碳汇作用；通过呼吸作用消耗部分碳水化合物释放出 $CO_2$，起碳源作用；相比之下主要起碳汇作用。除水稻种植和反刍动物肠道发酵产生 $CH_4$ 的自然源外，关于农业生产直接和间接引起碳排放的途径，学者们认为主要在农业投入品、农业机械制造与使用、农产品加工与流通及农业废弃物处理与利用等方面。

根据学者们的研究，除土地利用方式变化引起碳排放外，种植业生产中产生碳排放的主要环节包括水稻种植 $CH_4$ 排放，农业机械的直接能源消耗，对化肥、农膜、农药等工业产出投入品的使用，以及作物秸秆等农业生物质的利用等；养殖业生产中产生碳排放的主要环节包括牛、羊、骆驼等反刍动物饲养产生的肠道发酵 $CH_4$ 排放，畜禽粪便处理，以及水产养殖和海洋捕捞业中渔船柴油机的能源消耗等。

通过一定的方法估算农业部门的温室气体排放量，对于明晰温室气体排放重点环节是十分必要的。李长生等（2003）利用生物地球化学过程模型（DNDC）估算了中国农田的温室气体排放量，发现 $N_2O$ 是中国农田最主要的温室气体，其重要来源是在高有机质含量的土壤上过量施肥，其次是 $CO_2$ 和 $CH_4$，减少农田 $CO_2$ 排放最有效的措施是提高地面秸秆还田比例，而 $CH_4$ 排放量在过去 20 年大幅减少的主要原因是水稻田灌溉方法由持续晒田改为间歇灌溉。董红敏等（2008）对农业源温室气体减排的技术措施进行了较为系统全面的分析，表明秸秆氨化喂畜、稻田间歇灌溉、发展沼气工程、改进粪便收集和贮存方式是减少农业温室气体排放的有效途径。

借助于生态学、环境科学等领域的研究成果，学者们对种养业生产过程中的碳排放重点环节基本达成共识。一些学者从农业生产碳排放途径出

发，对农业温室气体排放进行了定量研究。例如，漆雁斌等（2010）构建了农业能耗量与煤炭、焦炭、柴油、燃料油及电力消费量关系的多元线性回归模型，发现燃料油和电力对农业能耗量的影响最大，其次是煤炭。陈卫洪和漆雁斌（2010）以稻谷种植面积、大牲畜（牛和骆驼）头数、猪头数和羊只数作为解释变量，构建了农业产业结构调整影响中国 $CH_4$ 排放的计量模型。无论是农业能耗量与能源消费量关系的模型，还是 $CH_4$ 排放量与 $CH_4$ 排放源关系的模型，都是从农业生产碳排放途径入手考察农业生产对碳排放影响大小的；他们从碳排放途径出发建立农业碳源与碳排放量计量模型的尝试，提供了一种研究农业生产活动影响碳排放的思路或视角。

农业生产对碳排放影响的直接表现是种养业各生产环节产生一定程度的温室气体，关于农业生产碳排放途径和强度的技术研究，相关领域已经形成大量成果可作为我们研究的工作基础。从经济学角度分析，产生多大程度的温室气体取决于农业生产主体——农户对农业生产方式的选择行为。因此，分析碳排放背后的生产者行为，考察农户进行低碳农业生产方式的选择行为成为低碳农业经济研究的重要任务。

2. 农业适应气候变化及碳减排的措施

为加强农业对气候变化的适应能力，各种适应气候变化农业项目被推出并推广实施，"适应气候变化农业开发"项目（以下简称为"GEF 项目"）是其中之一，由国家农业综合开发办公室在世界银行和财政部国际司的支持下开发。张兵等（2011）基于苏北 GEF 项目区 300 户农户的调查数据对农业适应气候变化措施的绩效进行了评价，结果表明，适应性措施的实施显著提高了项目区的粮食单产水平，尤其是水稻单产水平；适应性措施对提高水稻单产的净效应为 42.41 公斤/亩，对提高小麦单产的净效应为 5.96 公斤/亩。

微观农户对气候变化的认知与适应行为也是重要的研究课题。吕亚荣和陈淑芬（2010）利用山东德州的农户调研数据实证分析了农民对气候变化的认知和适应性行为，结果表明，大部分农民能认识到气候变化现象和气候变化对农业的影响，低于一半的被访者采取了适应气候变化的行为，采取的适应性行为以调整农时、增加投入和灌溉等被动适应性行为为主，以调整作物品种、采用新技术、修建基础设施、改善农田周边生态环境等主动适应性行为为辅。

农业除作为碳排放源增加大气中的温室气体浓度外，还可作为碳汇固定大气中的温室气体。廖薇（2010）通过建立农户秸秆利用行为模型，探讨碳交易机制如何影响农户采用土壤碳汇的秸秆利用方式，即进行秸秆还田；以成都平原2个样本村为例的实证分析发现，农户采用秸秆还田方式的平均碳汇潜力为0.42吨Ce/户，当C价格大于652元/吨时，农户具有采用土壤碳汇秸秆还田利用方式的积极性。

1992年，联合国政府间气候变化专门委员会（IPCC）就气候变化问题签署《联合国气候变化框架公约》（UNFCCC）；1997年，在日本京都达成一份温室气体减排协定——《京都议定书》。《京都议定书》要求，附件一所列缔约方（主要是发达国家）必须在第一阶段履约期（2008~2012）将温室气体排放总量在1990年的基础上削减5.2%，并创造出国际排放贸易（IET）、联合履行（JI）和清洁发展机制（CDM）三种灵活机制，鼓励排放贸易。在这种框架下，减排成本高的排放者可以从减排成本低的部门购买排放配额或信用额度。

减排的市场机制和农业减排成本低的看法引起农业界的兴趣。McCarl和Schneider（1999，2000）认为，农业至少可以在四个方面参与温室气体减排努力和排放贸易市场：一是农业需要减排，因为农业产生大量的$CH_4$、$N_2O$和$CO_2$；二是农业通过创造碳汇提供了一种潜在的减排方法；三是农业可以提供替代化石能源的生物质能源；四是温室气体减排政策可能影响农业投入品和农产品的价格。

农业既是温室气体排放源，通过反刍动物肠溶发酵、畜禽粪便处理、水稻种植、化肥施用、化石能源燃烧、耕作、毁林和土地退化等途径排放温室气体；又是潜在的吸收汇，可以通过土地休耕、残留管理、减少破坏性耕作、农地转作牧场或森林和退化土地恢复等途径增加碳固存；还可以利用生物能源替代化石能源，抵消温室气体排放。农业可以在上述三个方面参与减排，影响减排量和碳市场。反过来，一些碳减排政策（如燃油税）很可能影响化石能源价格，继而影响以石油为基础的农业化学投入品和农用燃料等的价格。

3. 农业碳减排的成本

大量研究检验了各种温室气体减排策略的成本和潜力。Gerbens（1999）比较了通过改进饮食减少肠溶发酵和液体粪便管理的两种$CH_4$减排方法，表明肠溶发酵的减排潜力明显低于粪便管理；Adams等（1992）的研究表明，按照全球变暖潜势（GWP）计算，水稻种植施肥管理减排 $CH_4$ 的成本为 \$28/t $CO_2e$，远低于牛肉税（\$190/t $CO_2e$），减少氮肥使用减排 $N_2O$ 的成本为 \$15/t $CO_2e$。

农业作为碳汇主要依靠土壤碳固存和森林碳固存实现，增强碳汇能力的策略包括植树和减少耕作等。通过植树吸收 $CO_2$ 的年成本不足 \$8/t，在各种减排、固存或替代策略中最低（Parks 和 Hardie，1995；Adams et al.，1999）。另一种增强碳汇的方法是通过残留管理、作物轮作、保护性耕作等措施将碳固存在农业土壤中。Antle 等（2001）、Pautsch 等（2001）、McCarl 和 Schneider（2001）、Choi 和 Sohngen（2003）等考察了美国农业土壤碳固存的潜力和成本，他们估计土壤固存 $CO_2$ 的成本不高于 \$16/t。农业替代化石燃料抵消温室气体排放主要通过生物能源替代化石能源或木产品替代高排放的建筑材料实现。McCarl 等（2000）估计生物质发电减排 $CO_2$ 的成本在 \$7/t~\$15/t；Jerko（1996）对玉米生产乙醇减排 $CO_2$ 成本的估计是 \$68/t~\$90/t。

一些高排放产业减排成本在农业部门的 10 倍以上，这表明非农产业可以从农业中购买减排或碳汇用于抵消自己的部分减排指标。作为碳源，农业本身面临着节能减排的压力，需要在农业投入品（如灌溉水、化肥、农药等）使用、农业机械和灌溉活动能源消耗、农业生物质（如农作物秸秆、畜禽粪便等）利用等方面改进技术和提高能效。作为碳汇，以保护性耕作增强土壤碳汇或以植树造林增强森林碳汇的项目成本较低，具有经济上的吸引力。作为化石能源的替代品，秸秆发电、玉米乙醇等生物能源项目也是减排的可选策略。可见，农业在温室气体减排中能够发挥直接减排、创造碳汇和替代抵消三种作用，同时能够通过投入品和农产品价格对温室气体减排产生反作用。在具体减排项目的应用上，除成本和潜力外，还需考虑上述各种策略在实践上的可操作性，诸如如何确定温室气体抵消量、如何激励农民参与温室气体减排等。

## 二、农业碳排放计算与低碳农业评价研究

### 1. 农业碳排放量的计算方法

碳排放量的测度是生产者或消费者碳排放行为、碳排放效率、碳排放决定机制等一系列与碳排放有关的定量研究的基础。农业产业兼具自然性

和经济性的特殊性质，因而增加了农业碳排放量测度的难度。

以往的研究大多按照 IPCC 指南的分类将水稻种植、畜禽养殖等农业自然源排放与能源消耗碳排放分开核算，或只考虑水稻、畜禽等农业直接排放（董红敏等，2008；Beauchemin et al.，2011），或只研究农业能源消耗碳排放（Dyer et al.，2010；漆雁斌等，2010；李国志等，2010），或将农业能源消耗与化肥等投入品排放纳入评价体系而未考虑种植养殖等自然源排放（冉光和等，2011）。这种分别处置的测度方法不能真实反映农业碳排放情况，往往低估了农业对碳排放的贡献。

从生命周期角度出发的碳排放足迹方法是碳排放测度的理想方法。碳足迹包含了生命周期分析的思想，在涉及能源消耗时往往使用投入产出法。国家或地区层面关于碳足迹或隐含碳的研究已取得一些成果。例如，Peters 和 Hertwich（2008）、Wiedmann（2008）、Hertwich 和 Peters（2009）等揭示出国际贸易中的碳泄漏现象；Peters（2008）提出从以生产为基础转向以消费为基础的国家排放清单核算方法，采用跨区域投入产出分析法（MRIOA）核算国家碳足迹；Weber 等（2008）研究发现，中国碳排放的 1/3 用于生产出口品；陈红敏（2009）、黄敏等（2010）、郭运功（2010）、孙建卫等（2010）分别对中国在生产、贸易、能源利用及各产业部门中的碳足迹进行了计算。这些研究主要集中于国家、地区或微观产品尺度，从产业层面进行的研究则主要涉及工业部门。

目前碳足迹方法在农业部门的应用刚刚起步，从生命周期角度测度农业碳排放的文献较少。现有文献如 West 和 Marland（2002）关于农业生态系统净碳流的两篇文章，使用农业生态系统全部碳循环的方法对保护性耕作方式和传统耕作方式的碳吸收、碳排放和净碳流进行了比较，其对净碳流的分析和计算体现了碳足迹思想；黄祖辉和米松华（2011）以浙江为例进行了农业碳足迹核算，这是国内较早从生命周期角度测度农业碳排放的研究，但只测度了一年。

鉴于农业应对气候变化和进行碳减排的迫切要求，作为农业碳减排相关研究基础的测度研究就显得异常重要。基于生命周期分析思想的完整测度体系的构建和投入产出法与生命周期评价法相结合的碳足迹核算是农业碳排放测度的发展方向，目前这方面的研究还处于起步阶段。

2. 低碳农业的评价指标体系

低碳农业的建立和发展，需要有一套全面、客观的评价农业发展碳排放水平的测度体系，目前在这一方面的研究才刚刚起步。由于低碳农业是个新概念，结合农业生产的特点，针对种养业不同生产环节建立碳排放水平评价指标体系的研究几乎是空白。但一些相近概念，如生态农业、循环农业等也具有"低碳"的部分内涵，故而针对这些农业发展模式建立的评价指标体系可在一定程度上为低碳农业发展水平和低碳农业生产方式的评价提供参考。

低碳包括节能和减排两层含义，实质是提高能源利用效率和清洁能源利用结构。从内涵和实质来看，资源节约型和环境友好型农业（以下简称两型农业）是与低碳农业比较接近的概念。周栋良（2010）将资源节约放在第一位，设计了包括5个准则层、25个指标的两型农业生产体系综合评价体系。准则层包括资源节约、资源循环利用、环境安全、农业生产与农村经济发展、农村社会发展五个方面。该指标体系围绕资源节约和环境友好两大核心内容建立，涵盖了资源、环境、经济、社会等农业生产体系各方面。但两型农业毕竟不完全等同于低碳农业，低碳农业在指标选取时应充分考虑对碳排放的影响。上述评价指标体系不是根据碳排放环节和其影响因素建立的，显然不能完全体现低碳的内涵。

其他源于低碳理论的概念，如低碳经济、低碳社会、低碳城市等的评价研究已取得一些成果。由于低碳发展水平是一个涉及诸多方面的系统概念，很难用几个单项指标全面、客观地衡量，故主要进行综合评价。目前低碳评价指标体系大多划分为目标层、准则层、指标层三个层次。从现有文献看，占主导地位的指标选取方法是根据产业链上碳排放路径和对各环节碳排放产生影响的外部因素分别选取，较有代表性的是任福兵（2010）建立的低碳社会评价指标体系。他们基于$CO_2$是最主要的温室气体和$CO_2$主要与能源利用有关的经验，选取了能源利用结构、产业社会发展、农业发展、政策法规等八个方面作为准则层。该指标体系依据主要碳源对总排放量的贡献和影响碳排放的因素而设计，其采用的农业发展、政策法规等方面的指标在评价农业发展低碳化程度时也可作为参考。

从产业或行业层面建立低碳化程度评价指标体系的研究相对欠缺，目前仅有热电、交通等行业的低碳化程度评价体系。姚晓艳等（2010）建立了热电行业低碳经济评价体系，包括能源消耗、资源消耗、污染排放、综合利用、科学管理五个方面，不仅涵盖了生产过程中直接产生碳排放的环节，而且考虑了造成间接影响的外部因素。在更低层面上，蒋惠园和白帆

（2010）构建了城市轨道交通低碳经济效益评价体系，选取了能源消耗、排放强度、环境质量和城市生态四个方面，其对节能、减排量的测算依据交通工具单位能耗和燃料特性估算。龙惟定（2010）在选取低碳建筑评价指标时充分考虑土地利用、能源利用、使用者等因素，将建筑碳排放分为建筑使用过程中使用者的碳排放和建筑用能过程中用能设备碳排放两条路径，其根据影响碳排放的直接和间接因素选取指标的思想可资借鉴。

指标体系建立后，对于综合评价模型和权重确定方法的选择，一种应用较多的方法是把选取的指标标准化后，利用 Delphi 法、AHP 等主观法，赋予指标权重并加总求和，如任福兵（2010）对于低碳社会评价指标体系权重的确定和综合合成；或根据主成分分析、因子分析等客观法确定指标权重并加总求和，如李晓燕和邓玲（2010）构建了低碳城市评价体系，在利用模糊层次分析法（FAHP）确定准则层权重后，通过主成分分析法得到低碳城市发展综合指数。另一种是采用模糊综合评价方法，根据最大隶属度原则确定评价等级，指标权重的确定可采用主观法或客观法，如姚晓艳等（2010）运用模糊综合评价理论构建了热电行业低碳评价模型，并采用 Delphi 法确定了指标权重；蒋惠园和白帆（2010）运用模糊综合评价和 AHP 相结合的方法评价城市轨道交通低碳经济效益等。

针对两型农业等农业发展模式建立的评价指标体系体现了农业生产的特点，但不能完全反映低碳的内涵；其他产业或行业低碳化程度的评价指标体系主要从各自产业链上的碳排放路径和影响碳排放的外界因素出发，能够体现出实现各自产业低碳发展的技术和制度两条路径，在评价农业发展低碳化程度时可借鉴其建模思想。这些低碳经济、低碳社会、低碳城市乃至各具体行业低碳程度的评价指标体系普遍存在重宏观轻微观的现象，对微观主体的研究不足。农业与热电、交通等行业除生产特点不同外，还存在生产经营形式和规模上的显著差别，中国农业生产以分散的小农户而不是规模化的农业企业为主，生产标准化程度较低，不同地区、种植不同作物或养殖不同畜禽水产品的农户生产活动碳排放来源不同，这也增加了构建农业生产微观主体——农户低碳生产方式评价指标体系的难度。

3. 农业碳排放的决定机制

（1）农业碳排放效率指标及其测度。碳排放效率在一定程度上可以弥补碳排放总量等指标过度重视碳排放的社会环境成本性质，而忽视碳排放作为成本在实现期望产出过程中发挥作用的不足。关于碳排放效率的研究文献可以分为两大类：一类文献以单要素指标衡量碳排放效率，包括单位能源碳排放量、单位 GDP 碳排放量、人均碳排放量、人均累计碳排放量、人均单位 GDP 碳排放量等指标。例如，Mielnik 和 Goldemberg（1999）提出用碳指数（单位能源碳排放量）衡量发展中国家应对气候变化的努力；Sun（2005）强调碳排放强度（单位 GDP 碳排放量）是衡量国家碳减排效果的理想指标；Zhang 等（2008）认为人均累计碳排放量和人均单位 GDP 碳排放量等新指标更能体现科学、公正、合理的原则。对于农业碳排放效率，除使用单位农业 GDP 碳排放量指标外，有的文献使用单位面积农业碳排放量来衡量农业碳排放效率。概括地看，上述效率指标都具有单要素特征，大多采用碳排放量与某一要素的比值表示，易于理解和操作，但较为片面。另一类文献认为碳排放效率是多种要素共同作用的结果，应该从全要素角度来衡量。这类文献中通常有两种处理碳排放变量的方法：一种是把碳排放看作未支付的投入，与资本、劳动、能源等一起作为投入要素，代表文献有 Ramanathan（2005）、陈诗一（2009）等。这种处理方法将自然环境承载碳排放或其他废弃物的功能看作一种生态形式的社会资本服务，经济单位通过这种社会资本服务在其他投入要素既定的情况下增加产出。另一种是把碳排放看作非期望产出（坏的产出，如污染物），与期望产出（好的产出，如 GDP）一起引入生产过程，利用非参数化的 DEA 模型来对其进行分析。例如，Zaim 和 Taskin（2000）、Zofio 和 Prieto（2001）利用不同的 DEA 模型从宏观上评价了 OECD 国家的碳排放效率；Lozano 和 Gutierrez（2008）把碳排放与能源消费看作非期望产出，利用 DEA 模型和方向性距离函数研究了人口、GDP、能源消费与碳排放之间的关系；Zhou 等（2010）用 MCPI 指数（Malmquist $CO_2$ emission Performance Index）测度了世界上碳排放量最高的 18 个国家的碳排放效率；王群伟等（2010）、魏梅等（2010）用 MCPI 指数测度了我国各省份不同时期的碳排放效率。这种方法可以同时处理多产出，从而克服了参数化生产函数的单一产出特性。

其他碳排放方面的效率研究还有 Chung（1997）、涂正革（2008）、游和远等（2010）……他们分别从不同的角度研究了与碳排放或污染有关的环境效率问题。

目前，还没有从全要素角度衡量农业碳排放效率的研究，而且仅有的以单位农业 GDP 碳排放量、单位面积农业碳排放量等单要素指标衡量农业碳排放效率的研究都是建立在对某几个碳源排放量的测度之上，其对农业碳排放量的测度是不完整的。鉴于此，在完整核算农业碳足迹的基础上，尝试将环境技术效率方法引入农业碳排放效率的测度中，就成为一种必要的开拓。

（2）农业碳排放及其效率的决定因素。研究碳排放驱动因素的分析大多采用因素分解法从能源结构、能源效率、产业结构、经济发展、人口规模等多个方面分析碳排放的决定因素。例如，Wang 等（2005）、冯相昭和邹骥（2008）分别采用 LMDI 方法和 Kaya 恒等式分析了中国不同时期碳排放变化的决定因素；徐国泉等（2006）采用 LMDI 方法分析了能源结构、能源效率、经济发展等因素对中国人均碳排放的影响；王锋等（2010）研究了我国能源消费碳排放增长驱动因素的加权贡献；赵志耘和杨朝峰（2012）考虑生活部门及水泥生产过程中的碳排放，通过 LMDI 模型分析了我国碳排放的驱动因素。

一些研究利用计量经济方法分析碳排放的决定因素，如姚西龙和于渤（2011）基于省际面板数据分析了工业规模效率和技术进步对单位 GDP 碳排放量的影响；李凯杰和曲如晓（2012）检验了技术进步与中国碳排放的关系。还有一些研究通过应用库兹涅茨曲线假设，从实证角度分析经济发展与碳排放之间是否存在倒 U 形的关系，如 Friedl 等（2003）、Mills 等（2009）利用时间序列数据对经济发展与碳排放关系所做的验证；李波等（2011）对单位耕地面积农业碳排放量与人均 GDP 关系的倒 U 形验证。王群伟等（2010）、魏梅等（2010）使用面板数据模型研究了各种因素对碳排放的影响。

根据生产者行为理论，生产者进行生产是以追求最大利润为目标的，因此低碳农业生产方式或技术能否实现要看它能否给生产者带来更大的收益。一些学者沿着这一思路，考察了采用低碳农业生产方式或技术对收益的影响。由于目前低碳农业研究普遍偏重宏观视角，以农户或农业企业为研究对象考察低碳农业生产方式或技术对其收益影响的文献还是空白，一些文献从宏观角度研究了低碳农业发展对农业产值的影响。

由于缺乏低碳农业生产方式的评价指标体系，学者们倾向于采用单项指标反映农业生产低碳化程度，建立农业产值与化肥施用量等变量关系的模型。漆雁斌和陈卫洪（2010）较早开展了这方面的研究，他们以农业总产值为被解释变量，以化肥施用量、农机总动力为解释变量，建立了我国低碳农业发展影响因素的回归模型，结果表明，化肥对农业产值的影响占主导地位。杜华章（2010）对江苏省的分析得出了不同结论，他在分别使用 1990~2008 年江苏省和 2008 年江苏省 52 县（市）农业增加值与化肥、农膜、柴油、农药、农机数据建立模型后发现，在时间序列分析中，对农业增加值贡献最大的是柴油使用量，其次是农机总动力，而化肥施用量起负向作用，其结论与漆雁斌和陈卫洪（2010）、董谦（2011）的研究差异明显。

除线性回归模型以外，有学者使用灰色关联度分析法研究农机、化肥等投入要素对农业总产值的影响。姚延婷和陈万明（2010）选取农机、化肥、电力、柴油、灌溉五种碳排放途径，采用灰色关联分析法计算了农业总产值与上述因素的关联度，发现对农业总产值影响最大的是农村用电量，其次是农机总动力、柴油和化肥施用量。

考察产生碳排放的投入要素对农业产值的影响是现有文献在低碳农业发展影响因素研究上的主要关注点。从宏观视角的研究来看，多数文献认为化肥对农业产值有重要的影响；由于柴油使用量、农村用电量、农机总动力等变量直接或间接地反映农业生产能源消耗，这些变量对农业产值有正影响，说明降低农业能耗可能会减少农业产值。农业能耗和化肥作为重要的碳排放源，同时也成为低碳农业发展的重要制约因素。

一种思路是首先假设采用低碳技术将导致农业减产，继而研究产量减少对需求、库存和价格的影响，如果在该假设条件下得出的结果是有益的，则政府、农民等经济主体就会有动力采用低碳技术。施正屏和林玉娟（2010）就是沿着这个思路，研究了中国推行低碳农业技术的影响。他们假设不施用化肥而改施有机肥，使粮食作物、饲料作物减产 5% 和 10%，模拟了可能造成的影响；结果显示，减产对主要农畜产品价格上涨的影响多在 2%~7%，应在政府可以控制的范围，因此在达到低碳农业目标的同时，使农民可以增加所得。

上述文献主要是从采用低碳技术对农业收益造成的影响来考虑，研究农户或政府有无动力采用低碳农业技术。从另一个角度来看，家庭基本特征如收入和劳动力数目等也可能影响农户对低碳技术的选择行为。目前关于这方面的研究主要是定性分析，如李明贤（2010）等所述的锁定高碳技术的经济因素；定量分析这些因素对农户低碳技术采用决策影响程度的文献十分缺乏，缺少微观层面的农户调查数据可能是其中一个重要原因。

（3）非农就业和农地流转对农业碳排放的影响。关于农村劳动力非农就业，De Brauw 等（2002）、Bowlus 等（2003）研究了中国农村劳动力市场的演化，表明劳动力流动是最普遍的非农就业活动，以年轻和受教育程度较高的农村劳动力为主，中国农户在农业生产活动和非农业生产活动中存在明显的"不可分性"。关于农户分化，Walder（2002）根据 1996 年的调查数据，将中国农民分为农业劳动者、非农雇工、个体经营者、私营企业主、集体企业管理者、村队干部、县级干部七个阶层，比国内学者增加了县级干部的划分。此外，一些学者研究了非农就业对农户家庭投资的影响。Rozelle 等（1999）、De Brauw 等（2008）的研究表明，非农收入对农户农业生产投资没有显著促进作用，农村劳动力转向非农就业将降低农业产出。

国外研究十分关注农户参与农地流转市场的影响因素，主要是从农村劳动力非农就业和经济发展、农户自身特征及资源禀赋、农地产权和要素市场等方面展开。Yao（2000）、Kung（2002）的研究表明，农户非农就业率的提高有助于促进农地流转；Carter 等（2002）认为，欠发达的要素市场（包括劳动力和信用市场）限制农户进入农地流转市场；Klaus 等（2005）的研究表明，农业生产能力较弱、受教育程度较高、具有非农就业经验以及非农资产比重较高的农户转出农地的可能性较大，农业生产能力较强、有租赁经验及农业资产比重较高的农户租入农地的可能性较大。此外，一些学者研究了农地流转对经营效率的影响。Wan 等（2001）认为，扩大地块面积能更有效地发挥其他生产要素的作用，提高资源报酬率。

农村劳动力非农就业和农户分化是国内农业经济学界关注的重要课题之一，已形成许多研究成果，所含内容涉及农户非农就业决策、农户分化类型等诸多方面。关于农户非农就业决策，赵耀辉（1997）、张林秀等（2000）、梅建明（2003）、陈晓红等（2007）、陆文聪等（2011）的研究表明，当地经济发展水平、资源禀赋和非农就业机会等外部因素与农民的性别、年龄、受教育程度、技能等个人特征一起影响农户的非农就业决策。关于农户分化后的形式，冯中朝（1995）、高强等（1998）、陈东平等（2001）、孙文华（2008）以家庭为研究单位考察了农户类型的变化，根据兼业程度将农户划分为纯农户、兼业农户（含Ⅰ兼户和Ⅱ兼户）、纯非农户（或城区农户）等多种类别；韩俊（1988）、姜长云（1995）、陈春生（2007）根据家庭经营的规模，进一步将纯农户划分为半自给的小规模纯农户和商品性较大规模的专业农户。另一些学者从职业、收入等角度研究了改革开放以来我国农民的阶层分化，如牟少岩等（2008）、万能等（2009）、刘洪仁（2009）。

农地流转是指拥有土地承包经营权的农户将土地经营权转让给其他农户或经济组织，保留承包权。许多学者从非农就业角度研究了农地流转的影响因素。例如，姚洋（1999）、钟涨宝等（2003）、叶剑平等（2006）、包宗顺等（2009）、乐章（2010）、李明艳等（2010）、韩菡等（2011）、马瑞等（2011）的研究表明，农村劳动力非农就业是农地流转的先导因素，外出务工是农户转出土地的主要原因，非农就业机会越多的农户越不愿意转入土地，较为自由的劳动力市场能够促进农地流转；贺振华（2006）、钱忠好（2008）认为，家庭成员的非农就业并不必然发生农地流转，农户将在兼业和转出土地之间进行权衡。

关于农户分化与农地流转关系的研究较少。陈成文等（2008）、陈柏峰（2009）、詹和平等（2009）、许恒周等（2011，2012）分析了不同农民阶层对农地流转的意愿与行为选择及农地流转对农民分化的影响。但上述研究更多地是从农民阶层结构分化的角度考察农民职业分化与农地流转的关系，农户类型划分并非依据非农就业和农地经营规模。

农村非农产业的发展以及农村劳动力向城市流动增加了农民的非农就业机会，由此导致农户的农业碳排放行为发生变化。一种观点认为非农就业使农户从事农业的机会成本升高，农户倾向于依靠农业机械和农用化学品来减轻劳动强度和增加单产，因此非农就业背景下，农户的柴油、电力等能源消耗和化肥、农药等农用化学品的使用必将增加，即非农就业将导致高碳生产，如黄祖辉和米松华（2011）、冉光和等（2011）。另一种观点则认为非农就业将促进农户的低碳生产行为，理由是如果非农就业机会增多、非农收入与农业收入差距扩大，则农户从事农业的积极性就会降低，这将减少其能源消耗量和农用化学品使用量，从而客观上促进了低碳生产，如李波等（2011）、闵继胜等（2012）。

研究非农就业对农户农业碳排放行为影响的文献较少，而研究非农就业影响农户化肥投入的文献较多。化肥施用是农户农业碳排放的主要来源，学者们大多认为非农就业将减少农户的农业劳动时间，从而依靠增加化肥投入替代劳动投入，同时非农就业增加的现金收入也促使农户增加化肥投入，如何浩然等（2006）、李太平等（2011）；梁流涛等（2008）的研究表明，进一步来看，不同兼业类型农户的化肥投入也不一样，Ⅰ兼农户的地均化肥施用量最大，其倾向于通过增加化肥投入实现增产增收，纯农户次之，Ⅱ兼农户化肥投入最少。关于其他影响农户肥料施用行为的因素，项诚等（2012）的研究表明，技术培训可有效引导农民合理施用氮肥，耕地面积负向影响农户氮肥施用量；褚彩虹等（2012）以有机肥和测土配方施肥技术为例分析了农户采用环境友好型农业技术行为的影响因素，表明农户施用商品有机肥和农家肥存在互补效应，是否是合作社成员、农业技术培训经历等与信息可得性相关的因素是影响农户采用环境友好型农业技术的重要因素。

## 三、低碳农业生产方式的实现路径研究

农业生产方式指农业生产方法和形式，低碳的农业生产方式即碳排放程度相对较低的农业生产方法和形式。生产方法属于生产力范畴，通过生产工具、水利设施、动力等生产技术体现出来，如人畜手工劳作或应用现代机械、能源、生物技术等科技手段的农业生产方法；生产形式属于生产关系范畴，指生产如何组织起来，是一家一户分散生产还是专业化和规模化生产。低碳的农业生产方式是碳排放程度相对较低的农业生产形式和生产技术的集合。由于中国农业生产以分散小农户为主，在生产形式既定的情况下，生产方式的差异主要体现为农户采用生产技术的差异。

1. 向低碳经济转变的市场机制

《京都议定书》为附件一所列国家规定了减排任务，在三种减排机制（IET、JI、CDM）下，相应形成了分配额度（AAUs）、减排单位（ERUs）和核证减排量（CERs）三种碳产品。除京都市场外，世界主要碳排放交易市场还包括欧盟排放贸易体系（EU ETS）、美国区域温室气体减排行动（RGGI）、芝加哥气候交易所（CCX）等。

碳排放交易市场按照减排机制不同，可分为基于总量限制交易的配额市场（如 IET、EU ETS、RGGI）和基于项目减排量的项目市场（如 CDM、JI）；按照交易动机不同，可分为以履约为目的的强制性市场（如京都市场、EU ETS、RGGI）和以自愿减排为主的自愿性市场（如 CCX），自愿市场交易的碳产品称为自愿减排量（VERs）。近年来，我国也在进行自愿碳市场探索，2008 年以来陆续建立起北京环境交易所、上海环境能源交易

所、天津排放权交易所等自愿性碳市场。碳排放交易市场在温室气体减排过程中具有较大的潜力。

在市场机制下，承担减排义务的排放者可以有三种方式减排：第一种是通过自身的技术革新减少排放；第二种是从低排放者手中购买其剩余的排放配额；第三种是购买其他组织或个人以项目形式减排或固存的碳信用。市场允许减排成本高的排放者从减排成本低的排放者手中购买排放配额或信用额度，从而促使经济主体以更有效的方式减排。目前国际碳市场以配额市场为主，交易量和交易额都在75%以上，项目市场又以 CDM 为主。项目市场为发展中国家和经济转轨国家开展减排项目提供了不少资金和技术。作为发展中国家，中国是最大的减排项目供给者之一，注册和签发的 CERs 占全球总量的一半以上。除 CDM 外，CCX 也支持项目减排，近年来在 CCX 注册的造林、提高能效、可再生能源项目都有所增加。

2. 农民参与碳减排的渠道

低碳虽然是个新概念，但低碳农业经济形态已在我国农村地区广泛存在。王昀（2008）将其划分为十类：①有害投入品减量、替代模式；②立体种养节地模式；③节水模式；④节能模式；⑤"三品"基地模式；⑥清洁能源模式；⑦种养废弃物再利用模式；⑧农产品加工废弃物循环利用模式；⑨区域产业循环模式；⑩农业观光休闲模式。关于低碳农业生产技术，赵其国和钱海燕（2009）进行了较为详尽的论述，包括垄作免耕、灌溉节水、施肥技术、病虫害防治、新型农作物育种、畜禽健康养殖等技术措施。从农业生产主体——农户的活动出发，廖媛红（2010）将低碳农业分解为投入低碳化和产出低碳化两个分目标，其实现路径分别为低碳农业生产方式和农村低碳生活方式，是否应用低碳技术也为评价农户生产方式的低碳化程度提供了技术上的依据。

土地经营管理得当可以显著减少温室气体排放量。农民可以通过耕作方式的改进、对森林的保护和恢复、对草场的经营等土地管理活动增加土壤和植被的碳固存；还可以通过良好的土地经营管理减少 $CH_4$ 和 $N_2O$ 等的排放，如采用精准施肥技术降低土壤 $N_2O$ 排放，采用非饱和灌溉降低水稻田 $CH_4$ 排放，采用收集和燃烧方法减少动物废弃物 $CH_4$ 排放。农业的碳汇效应使低碳农业不仅具有粮食和食品安全、环境保护等功能，而且具有与碳金融市场对接的潜在物质基础。张艳等（2011）构建了低碳农业碳金融市场体系、低碳农业碳金融组织体系、低碳农业碳金融产品体系和低碳农业碳金融政策体系等低碳农业与碳金融良性互动的机制。

CDM 给发展中国家利用发达国家的资金和技术开展减排项目提供了机会。截至 2011 年 8 月 19 日,在 CDM 执行理事会(EB)成功注册的中国 CDM 项目已达 1527 个,其中绝大部分属于"新能源和可再生能源"类别,"节能和提高能效";"$CH_4$ 回收利用"也占有一定比重;涉及农林业的项目较少,仅有农村户用沼气池(3 例)、养猪(鸡)场粪污沼气回收利用(4 例)、再造林(3 例)、生物质成型燃料(2 例)、生物质发电(49 例)等,户用沼气池和养殖场沼气利用属于 $CH_4$ 回收利用类,生物质燃料和生物质发电属于新能源类。

生物质燃料和生物质发电项目体现了生物能源对化石能源的替代作用,农民为项目提供秸秆、花生壳、树枝等农林废弃物,换取生物质成型燃料或用于发电,农民扮演原料的提供者和新能源的使用者角色。沼气池和养殖场沼气利用项目主要针对养殖业生产中的畜禽粪便处理,在减少 $CH_4$ 和 $N_2O$ 排放的同时,转化为生活燃料和有机肥料,农户或养殖企业是这种低碳排放的有机肥处理方式的实施者,扮演低碳农业生产者角色。造林项目体现了农业的碳汇作用,农民通过自己的生产行为增加碳固存,也是扮演生产者角色。

CCX 除沼气、生物质能源、畜牧业 $CH_4$ 处理、森林碳汇等 CDM 支持的农林业项目外,还包括保护性耕作和牧场管理等土壤碳汇项目。目前中国有一例在 CCX 注册成功的农林业项目:贵州开阳县农村沼气池项目。项目的实施涉及农民组织或农业企业、外部金融主体和各类第三方机构三大类组织,农民主要以合作社或其他农民组织的形式参与项目。

随着 CDM 的发展和自愿减排市场的兴起,对基于项目的温室气体排放及吸收测算方法的需求十分迫切,亟须确定碳排放抵消量的标准。2007 年,美国环保协会和杜克大学联合推出杜克标准——《清洁农作和林作在低碳经济中的作用——如何确立、测量和核证温室气体抵消量》,这是全球第一部关于农业碳交易的核定标准和操作手册。2009 年,北京环境交易所推出中国首个自愿碳项目标准——熊猫标准 1.0 版本,确立了自愿减排量测量标准和原则。杜克标准、熊猫标准这样的农业碳交易项目核定标准的建立,以交易为目的,以市场为平台。可以认为,通过注册的 CDM 或 CCX 等农业碳交易项目采用的是低碳农业生产方式。

3. 激励农民参与碳减排的机制

　　Antle 和 Diagana（2003）在分析了影响土壤保持动机的因素、采用门槛、激励及持久性后，为发展中国家的农民设计了土壤碳合同；他们指出，发展中国家的小规模农户在参与这种碳信用市场时很可能受到一些因素的制约，如生产规模小导致的高交易成本、土地所有权和使用权分离可能引起的重要问题、缺乏运行良好的法律和金融制度等，因此，激励机制必须着眼于众多经营小块土地的贫穷农民，且与这些国家的法律和金融制度相容，"碳贷款"项目就是一种有助于农民克服采用门槛的制度创新实例。

　　国外在农业部门温室气体减排影响因素方面的研究重视土地所有者和农民的作用，能够从微观主体的行为出发，研究激励农业生产主体采用低碳技术的因素。其中又分为两种观点，一种观点是根据新古典经济学理论，认为生产者进行生产就是为了实现利润最大化，因此考察农民的低碳行为是否盈利，如果不盈利，则寻求能使农民行为更盈利的方法；学者们根据这一理论建立了基于利润最大化的经济模型，如 Parks 和 Hardie（1995）、Antle 和 Diagana（2003）。另一种观点是根据双重利益方法和超越经济学理论，认为农民从高碳行为到低碳行为的转变中，是通过共感作用调整个人利益，这种由于共感而考虑的他人利益是一种拓宽了的个人利益；从农民的角度看，在全球变暖问题中，也号召对环境和后代的共感，从而要求一些利他行为（Ovchinnikova et al.，2006）。

　　在明晰农业生产过程碳排放重点环节和了解农业节能减排技术措施的基础上，一些学者提出或总结了低碳农业生产方式的实现路径或模式。这些实现路径或模式可分为技术层面的低碳农业生产技术和经济或制度层面的低碳农业生产保障机制两大类，技术层面的研究已较为成熟，在文献中居于重要地位；经济或制度层面的研究较少，但已有学者深刻认识到经济或制度因素对技术选择的影响和制约。经济上适用的技术创新才是有效的，从这个意义上说，将技术系统与组织和制度系统综合起来是低碳农业实现路径研究的一大进步。

　　根据新古典经济学的生产者行为理论，生产者进行生产是以追求最大利润为目标的，因此，低碳农业生产方式或技术能否实现，要看它能否给生产者带来更大的收益。从另一个角度来看，家庭基本特征如收入和劳动力数目等也可能影响农户对低碳技术的选择行为。除农户采用的农业生产技术直接决定农业生产低碳化程度外，经济或制度层面的因素通过作用于农户生产技术的采用决策而间接影响农业生产低碳化程度。从农业技术推广方面看，新的更有效的技术往往难以被广泛采用，其主要原因在于传统技术已与所处的组织和制度之间形成共生关系，经济主体缺乏采用新技术的动力，即传统技术已锁定。李明贤（2010）指出，我国在发展低碳农业过程中即面临技术锁定：农业边缘化导致农村老弱劳动力不愿也无力采用粪肥和秸秆还田等费时费力的低碳技术；分散经营的农业生产组织形式导致农户采用替代技术的经济效益不明显；受人地矛盾和粮食安全目标的制约，毁林开荒或大量投入化肥农药的情况也时常发生。她认为，需要引入以利益为主的外生变量，实施一系列配套措施，才能实现低碳替代技术的推广使用。马伦姣（2011）在简要列举出农业低碳发展的技术措施后指出：“试点的多、推广的少”，原因在于我国农业低碳发展面临传统意识习惯、粮食安全目标、分散经营模式、农业边缘化等挑战。她们的思路都是沿着“锁定”和“解锁”，从技术所处的经济、政治、社会环境出发，剖析现有的组织和制度锁定高碳技术的原因。

上述研究从经济或制度层面寻求有利于低碳技术采用的外部环境，基于引入利益诱导等外生变量的考虑来设计低碳农业生产方式实现的保障机制，其着眼点和单纯的技术措施研究相比有了重大转变。但是这些研究大多以定性分析和宏观视角为主，未深入到低碳农业生态产业链共生耦合机制的微观层面。齐振宏和王培成（2010）采用博弈论“囚徒困境”模型，从微观层面分析了低碳农业生态产业链的共生耦合机制；他们指出，只有在链上各主体不合作收益小于合作收益时，各主体才会必然选择合作行为，为此必须引入共生耦合的动力机制，即资源循环利用机制（提高贴现引子）、生态价值补偿机制（提高惩罚幅度）、利益合理分配机制（合理确定收益值）。该研究以“囚徒困境”模型分析产业链上各主体的行为，突破了以往文献重定性分析和宏观研究，对微观主体行为研究不足的局面，对于从生产者行为出发研究经济主体的低碳农业生产行为具有借鉴意义。

将研究重点由技术层面的低碳农业生产技术或方法转向技术所处的政治、经济和社会环境，对诱导和驱动经济主体采用低碳技术的组织和制度条件进行探讨和分析，反映出学者们在研究低碳农业生产方式实现路径上思路的拓展，这也提示后续研究关注技术系统之外能够诱导经济主体突破技术锁定和路径依赖的驱动力，这是一个重要而广阔的研究领域。

## 四、小结

总体而言，我国的低碳农业生产行为研究还处于起步阶段，从生产者行为出发研究农业产业体系碳排放的文献相对较少。相比较而言，国外在农业部门温室气体减排方面的研究重视土地所有者和农民的作用，不少研究进行了碳市场与农民行为研究；国内现有文献在研究视角、研究方法、研究内容等方面具有一些显著特点，在取得一定成果的同时也存在以下不足：

第一，现有文献侧重于宏观视角，对微观主体的研究相对不足。目前关于低碳农业的文献已有不少，但很多都是以宏观视角的低碳农业发展模式、发展对策或内涵、特征、功能、意义等基本理论为重点，从生产者行为出发以微观主体为研究对象的文献并不多。归根结底，低碳农业这一农业发展方向或模式必须依靠微观行为主体的参与才能实现。在我国，农业生产主体是分散的小农户，因此，研究农户对低碳农业生产方式的选择行为是低碳农业经济研究的最终落脚点，而目前这方面的研究不足。

第二，现有文献以定性分析居多，定量分析显著不足。目前关于低碳农业生产行为的研究以定性分析为主，虽然已有学者在低碳农业政策评估、低碳农业经济效益测评、发展低碳农业对收益的影响等方面进行了定量研究，如施正屏和林玉娟（2010）对中国低碳农业安全政策模型的研究、漆雁斌和陈卫洪（2010）等对低碳农业影响因素的研究，但这些研究主要是宏观视角或从碳排放的某一方面进行的研究，运用定量分析方法研究微观主体低碳农业生产行为的文献十分欠缺。

第三，现有文献在农业碳排放衡量指标体系和农业碳排放测度上的研究不足。研究碳排放首先需要解决排放量测度，其他行业已有不少碳足迹核算方面的文献，但农业碳足迹研究相对较少。目前关于农业发展碳排放水平与农业生产方式低碳化程度评价的研究很少，针对两型农业、循环农业、生态农业等相近概念建立的评价指标体系不能完全体现低碳的内涵，而针对低碳城市、低碳社会、低碳经济等低碳形态建立的评价指标体系不能反映农业生产的特点。当然，针对其他行业建立的低碳化程度评价体系在指标选取思想和评价方法上可提供一定借鉴。

在现有研究的基础上，下一步研究可从以下几方面着手：

第一，构建农业生产方式低碳化程度和农业发展碳排放水平衡量指标体系是目前低碳农业研究迫切需要解决的问题，首先应进行农业碳排放量的测算，碳排放量的测算方法包括生命周期评价法（LCA）和投入产出法（IO）。现有文献选取低碳发展水平衡量指标的主导思想是根据产业链上碳排放路径和对各环节碳排放产生影响的外界因素分别选取。建立农业生产方式低碳化程度的衡量指标体系可借鉴这种思路，即根据农业生产碳排放环节选取直接碳排放源，以反映低碳技术的采用状况；根据影响低碳农业实现的组织或制度条件选取政策法规等外界因素，以反映驱动低碳技术采用的制度条件的完善状况。

第二，低碳农业必须依靠微观主体的参与才能实现，因此，研究微观主体对低碳农业生产方式的选择行为是低碳农业经济研究的最终落脚点，在我国主要是分散的小农户。低碳农业发展需要对宏观层面的模式、政策等进行研究，但更需要了解农户的意愿和行为；基于微观视角，通过调研获取农户低碳农业技术的采用状况及非农就业、农地流转、家庭收入、农业收入占家庭收入比重、家庭劳动力数目、户主受教育程度等社会经济因素和农户家庭基本状况资料是十分必要的，未来的研究应该在微观层面的农户低碳生产行为上做出努力。

第三，现有文献在低碳农业影响因素的研究上，主要是考察产生碳排放的投入要素对农业产值的影响，定量分析非农就业、农地流转等社会经济变量对农户低碳技术采用决策和碳排放行为影响程度的文献十分缺乏。通过碳足迹核算和衡量指标体系确定农户农业生产的低碳化程度，继而考察低碳化程度与收益的关系，这是由现有文献推出的研究微观主体低碳农业生产方式影响因素的思路。可以考虑在解释变量中加入非农就业、农地流转等可能影响农户低碳技术选择行为的社会经济因素，或直接建立影响因素与低碳化程度关系的模型。

# 第二节　低碳视角下的农户施肥行为研究

## 一、农户化学要素使用及面源污染研究

种植业中的化肥施用是我国农业碳排放和面源污染的最重要来源之一。大量学者研究了农户化肥施用行为的影响因素。例如，Vandyke 等（1999）、Huang（2002）的研究表明，农场主可通过施用含较少氮损失潜力的粪肥或通过农业保险来降低氮控制成本；Waithaka 等（2007）通过对肯尼亚西部地区 253 个农户的调查，运用 Tobit 模型分析了农户有机肥和化肥施用的影响因素，结果表明，化肥施用与有机肥施用相互影响且具有内生性；Doole 和 Pannell（2011）评价了新西兰怀卡托地区委托人异质性下的农业面源污染政策；Jaraite 和 Kazukauskas（2012）分析了强制性农业环境政策对农场化肥和农药支出的影响，表明这种要求农场满足一定的环境条件才能获得公共支持的政策降低了农场化肥和农药支出；Beltran 等（2013）研究了菲律宾水稻生产中除草剂使用的决定因素，表明户主年龄、家庭规模和灌溉水耗费量显著影响农户是否使用除草剂，除草剂的价格、家庭总收入和能否获得贷款显著影响农户除草剂使用量；Tiedemann 和 Latacz-Lohmann（2013）研究了德国农场中有机和传统农业生产风险对技术效率的影响，表明产出变化主要来源于生产风险。

国内也有大量学者研究农户施肥行为及其造成的面源污染问题。马骥（2006）、何浩然等（2006）、巩前文等（2008）研究了农户化肥施用量决策的影响因素，表明施肥技术培训、农产品出售比例、是否施用有机肥、化肥价格、非农就业比例等因素影响农户施肥量决策；宁满秀等（2011）、项诚等（2012）研究了农业技术培训对农户化学要素施用行为的影响，表明参加农业技术培训能显著降低农户化学要素施用量；张利国（2008）研究了不同垂直协作方式对水稻种植户化肥施用量的影响，表明销售合同、生产合同、合作社、垂直一体化等紧密型垂直协作方式能在一定程度上减少水稻种植户化肥施用量；蔡荣（2011）基于苹果种植户的研究

表明，合同生产模式通过测土配方技术指导、产品质量检测、"市场参考价+质量奖励价"定价制度，能够有效提高农户肥料结构中的有机肥投入比重。

一些学者研究了农户减量施肥意愿及其影响因素。例如，马骥等（2007）、巩前文等（2010）采用二元选择模型分析农户减量施肥意愿的影响因素，表明是否接受过施肥指导、是否施用有机肥、对化肥施用是否过量和化肥施用是否有污染的认识等是影响农户减量施肥意愿的重要因素；韩洪云等（2010）采用选择模型法研究农户农业面源污染治理政策接受意愿，表明以提高化肥利用率为特征的技术支持政策是未来农业面源污染治理政策设计的首要选择。

张晖等（2009）、葛继红等（2011）基于江苏省时序数据进行了农业面源污染的环境库兹涅茨曲线验证及其他经济影响因素分析，表明农业面源污染与经济增长存在显著的"倒 U 形"曲线关系，养殖业比重上升、种植业比重下降、经济作物比重上升、粮食作物比重下降以及农村人口规模扩大会增加农业面源污染物排放量。葛继红等（2012）基于省际面板数据以化肥为例分析要素市场扭曲是否激发农业面源污染物排放，结果表明，化肥要素市场扭曲对化肥农业面源污染物排放有显著的激发作用。张锋（2011）基于微观农户数据的研究表明，农户对化肥施用环境风险的认知、家庭耕地规模、耕地细碎化程度、是否遭受自然灾害对农户化肥投入量和化肥投入面源污染程度具有显著的正向影响。

## 二、经济学视角的农业要素利用效率研究

对单一农业生产投入要素技术效率的研究主要涉及灌溉用水、化肥、农药方面。对生产技术效率的测算，Battese 和 Coelli（1995）开发的效率损失影响随机前沿生产函数模型被广泛应用，该模型提出了一种同时估计随机生产前沿和技术效率损失函数的方法。在估算农业生产技术效率的基础上，为进一步分析农业投入要素对环境的影响，Reinhard（1999，2000）首次对单一农业投入要素的技术效率进行了研究。

近年来，国外已有大量文献对农业生产中的单一投入要素如灌溉用水、化肥、农药等的技术效率及其对环境的影响进行了研究，方法主要包括随机前沿生产函数方法（SFA）和数据包络分析方法（DEA）。例如，

Karagiannis 等（2003）、Kaneko 等（2004）、Dhehibi 等（2007）采用 SFA 方法分析了希腊、中国、尼泊尔和突尼斯等地农户的灌溉用水效率及其影响因素，表明农户规模、户主受教育程度、农田水利基础设施等因素影响用水效率；Lichtenberg 和 Zilerman（1986）（LZ 模型）将损失控制函数与传统的 C-D 生产函数相结合估计农药的边际生产率，Jikun Huang 等（2001）将该方法应用于分析农药对水稻生产的影响、Jikun Huang 等（2003）将该方法应用于分析农药对棉花生产的影响、Chambers Robert 等（2010）将该方法应用于分析农药对蔬菜生产的影响，结果均表明，损失控制生产函数估计农药的边际生产率比 C-D 生产函数估计的结果更加合理。

国内灌溉用水效率的代表性研究包括：王晓娟等（2005）、王学渊等（2008）基于 SFA 方法测算了农户灌溉用水效率，并采用 Tobit 模型分析了灌溉用水效率的影响因素；刘七军等（2012）采用 SFA 方法测算和比较了不同规模农户的用水效率；王学渊（2009）基于 DEA 方法对农户灌溉用水效率进行了测算和分解，均表明我国农业灌溉用水处于低效配置状态。

国内基于经济学视角的化肥和农药利用效率的研究相对较少。张福锁等（2008）基于农学视角通过田间试验测得我国三种主要粮食作物的氮肥利用率在 26%~29%。经济学视角的研究包括：杨增旭等（2011）、李静等（2011）、曹芳萍等（2012）基于 SFA 方法利用宏观数据测算了我国主要粮食作物化肥施用技术效率，并通过 Tobit 模型分析了化肥施用效率的影响因素，表明化肥价格、农民收入水平、受教育程度、种植规模、技术培训和财政支持等是影响化肥施用技术效率的重要因素；周曙东等（2013）基于江苏省 396 户稻农调研数据测算了农户农药施用效率，并采用多元线性模型分析了农药施用效率的影响因素，表明劳均种稻规模、水稻商品化率、农户受教育程度、农业劳动力老龄化程度等变量对农户施药效率具有重要影响。关于农业污染物减排效率的研究，李静等（2012）测算了农业 COD、总氮、总磷等排放总量，将其作为非期望产出，并使用方向性距离函数法估计了三种污染物的减排效率。

## 三、农户环境友好型技术采用行为研究

国外对农户环境友好型技术采用行为的研究已有不少，如 Arellanes 和 Lee（2003）对洪都拉斯北部农户采用 Labranza Minina 技术的研究；

Moreno 和 Sunding 对加利福尼亚州中心流域灌溉技术选择的研究；Payne 等（2003）对玉米食根虫 Bt 种子采用情况的研究；Antle 和 Diagana（2003）对土壤碳封存技术采用的研究。此外，Omer（2007）分析了生物多样性对最优粮食产出的影响；Antle 等（2001）、Antle 和 Capalbo（2002）分别进行了农业土壤碳封存的经济分析和农业作为管理生态系统的政策含义分析；Defrancesco（2008）研究了意大利北部农户参与农业环境友好措施的影响因素，表明劳动密集型耕作类别和家庭收入高度依赖于农业活动限制了农户参与环境友好措施。Qaim（2003）研究了阿根廷农户对转基因抗虫棉的采用行为；Fraser（2012）研究了农业环境政策的存续时间、道德风险和目标市场选择；Gedara 等（2012）研究了斯里兰卡村庄水库灌溉系统中稻农技术效率的影响因素，表明通过强化农民组织成员资格来加强农民的合作社安排能够提高水稻种植效率。

根据廖西元等（2004）的调查研究，当前 50% 以上的农户最需要的三类农业科技成果为新品种、新肥料和新农药、新的栽培技术，其中新品种、新肥料和新农药是与环境友好型农业密切相关的技术。

从农户环境友好型施肥技术采用行为来看，葛继红等（2010）、褚彩虹等（2012）的研究表明，与信息可得性相关的因素如是否为农民专业合作社成员、农业技术培训经历、农业信息渠道、测土配方施肥技术知晓度、是否受到过测土配方施肥技术指导等，是影响农户采用配方施肥技术行为的重要因素；葛继红等（2012）的研究表明，稻农采用测土配方施肥技术有利于水稻生产技术效率的提高，该结论为测土配方施肥技术长期推广提供了政策依据；张利国（2011）的研究表明，家庭种植面积、文化程度、是否参加过环境友好型农业培训、是否接受过环境友好型农业技术指导以及对环境是否关心是影响农户从事环境友好型农业生产意愿的重要因素；张复宏等（2017）基于山东省 9 个县（市、区）279 户苹果种植户的调查数据，运用投入导向的径向超效率模型和双变量 Probit 模型分析了果农对过量施肥的认知与测土配方施肥技术采纳的影响因素，表明山东省 9 个样本县（市、区）中有 8 个在苹果种植中存在过量施肥问题，果农对过量施肥的认知与其测土配方施肥技术采纳行为之间存在高度正相关。

从农户环境友好型农药施用技术行为来看，喻永红等（2009）研究了稻农对 IPM 技术的采用意愿，表明是否参加过农业技术培训、耕地规模及分散程度、水稻生产主要目的等因素对稻农 IPM 技术采用意愿具有显著影响；米建伟等（2011）研究了棉农采用转基因抗虫棉与次要害虫用药量的关系，发现次要害虫用药量增加的主要原因不是采用转基因抗虫棉所致，气候因素是次要害虫用药量上升的重要原因。

有机肥施用既是一种环境友好型农业技术，又是一种农业生产长期投资。除环境视角的研究外，众多学者从投资的角度研究了农户有机肥施用行为，重点考察非农就业、土地稳定性等因素对有机肥施用的影响，如何凌云和黄季焜（2001）、俞海等（2003）、许庆和章元（2005）、陈铁和孟令杰（2007）、郑鑫（2010）、钟太洋等（2011）。

## 四、小结

关于农户施肥行为研究的几点思考：首先，农地流转使同质的农户经营规模发生了变化，形成不同生产经营规模的农户。目前关于农户在农业生产中化学要素使用和可持续农业技术采用行为的研究缺乏对不同经营规模农户的比较。因此，着眼于农户施肥行为，分析不同经营规模农户的行为差异，是对现有研究范围的扩展和补充。其次，已有的农户施肥行为研究以化肥施用量研究居多，基于低碳和资源节约、环境保护视角，以主要粮食作物种植农户为例对农户化肥施用碳排放程度、化肥施用碳排放效率和低碳施肥技术采用行为进行研究，可从研究视角和研究内容上扩展和丰富现有研究。最后，从研究方法上，用化肥碳排放量替代化肥施用量，可以将化肥施用结构的影响考虑在内，因此更为科学。分析农户施肥碳排放程度的决定因素，以及将碳排放作为一种投入要素采用 SFA 方法测算农户施肥碳排放效率，可以在现有研究方法的基础上有所改进。

# 第三节　保护性耕作生态效益补偿及农机服务采用

## 一、保护性耕作生态价值及其补偿研究

### 1. 保护性耕作生态价值评估

保护性耕作的核心内容是少免耕和秸秆还田，不同耕作措施及秸秆处理方式会造成温室效应的不同。Campbell 等（1996）、Paustian 等（1997）的研究表明，耕作对土壤的扰动破坏了土壤团聚体对土壤有机碳的物理保护作用，加速了土壤有机碳分解，降低了土壤有机碳含量。大量研究表明，保护性耕作有利于提高土壤有机碳水平。例如，Follett 等（2001）、West 和 Marland（2002）、Lal（2004a，2004b）等的研究表明，少免耕可以避免上述干扰，降低土壤有机碳分解损失，稳定甚至增加土壤有机碳含量，从而减少温室气体排放。然而 Yang 等（2008）的研究发现，与传统耕作相比，免耕增加了表层土壤有机碳，但降低了土壤下层有机碳含量。Carter 等（2002）的研究表明，随着免耕年限的增长，会出现耕层变浅、土壤强度增加、出苗率降低等负面影响，采用作物轮作和耕作与免耕交替的方式可以解决长期少免耕造成的负面效应。Powlson 等（2011）指出，一些增加土壤有机碳的土壤管理措施如营养管理，可能导致氧化亚氮排放；在发展中国家，需要制定使小农户可以买得到和买得起的肥料政策；而在中国等快速发展的国家，应该制定使环境破坏最小化的肥料管理政策。

免耕、深松等土壤耕作技术和秸秆还田等覆盖技术具有明显固碳减排作用。芮雯奕等（2008）对保护性耕作固碳效应的估算结果为：实际测算秸秆还田和免耕固碳效应分别为每年每公顷 0.63 吨和 0.88 吨碳，模型模拟秸秆还田和免耕固碳效应分别为每年每公顷 0.44 吨和 0.68 吨碳。谭淑豪等（2009）指出，少免耕除节省直接能源消耗外，还可促进土壤有机碳积累；秸秆还田可显著提高土壤有机碳含量，并减少氧化亚氮排放量。金琳等（2008）、王小彬等（2011）的研究表明，农田管理措施中，化肥与

有机肥配施的增碳作用最大，其次为秸秆还田、施有机肥和免耕。黄坚雄等（2011）的研究表明，灭高茬深松整地等四种保护性耕作模式提高了土壤有机碳含量，且抵消了土壤和投入品排放的温室气体，是温室气体汇，而传统耕作是温室气体源。田慎重（2010，2014）的研究表明，各种耕作措施下有秸秆还田的土壤有机碳含量均显著高于无秸秆还田；免耕配合秸秆还田显著增加土壤有机碳，其次为深松，而旋耕在有无秸秆还田的条件下均表现为土壤碳损失；长期旋耕和耙耕后进行深松，土壤有机碳库累积量显著增加，表现为净碳汇。

此外，大量研究表明，深松或包含深松的轮耕方式能提高作物产量。例如，吕美蓉等（2010）基于冬小麦—夏玉米种植条件的试验表明，无论秸秆还田与否，相对于传统翻耕，深松都能增加小麦产量；田慎重（2010，2014）基于山东省泰安市和龙口市的试验表明，长期旋耕、耙耕和免耕后进行深松，小麦产量均显著增加；张玉娇等（2015）基于渭北旱塬连作冬小麦的模拟研究表明，连续翻耕、免耕/深松轮耕、翻耕/深松轮耕、免耕/免耕/深松轮耕、免耕/翻耕/深松轮耕五种耕作方式中，免耕/深松轮耕的产量最高。

### 2. 保护性耕作生态效益补偿

关于保护性耕作及土壤碳汇补偿的研究逐渐增多。Antle 等（2003）通过理论上的推导，对建立土壤碳汇机制的可能性进行了论证，认为通过一定的经济激励可使农户改变传统耕作方式，采用土壤碳汇技术。Antle 等（2001，2002a，2002b）进行了农业土壤碳汇的经济分析和农业作为被管理的生态系统的政策含义分析，显示美国北部旱地土壤碳汇的边际成本为每吨 12~500 美元，北美大平原土壤碳汇的边际成本为每吨 20~100 美元。Murray（2004）认为，在农业减排过程中，应把激励、税收和补偿三大机制结合起来，共同影响农户的农业生产决策。

促使农户采用保护性耕作，发挥农业土壤碳汇功能，必须有相应的激励手段。Graff 等（2008）通过动态优化模型研究显示，采用保护性耕作的预期收益主要来自农业生产和土壤碳汇，提高土壤碳汇价格和降低贴现率可使土壤碳汇增加；在目前土壤碳汇尚不具备核证减排资格的情况下，土壤碳汇价格的主要影响因素是补偿标准，而土壤碳汇的贴现率则在很大程度上受产权稳定性的影响。Neuman 等（2011）研究了加拿大湿地保护补偿中的碳补偿问题，估算出允许湿地土壤碳汇进入市场交易可以获取湿地和河岸地区生态环境补偿资金的9%，不仅达到了对湿地生态环境服务功能进行补偿的目的，而且减轻了高额的生态效益补偿给纳税人带来的税赋负担。Choi等（2010）对美国中西部玉米—大豆轮作区的研究发现，可以通过每吨2~10美元的碳汇价格实现较低的土壤碳汇，若要实现更高的土壤碳汇则就需要进行更高的土壤碳汇补偿。

其他有关碳汇补偿的研究有：Grace等（2010，2012）研究了土壤碳汇补偿对碳封存速率的影响；Mooney等（2004）研究了不同土壤碳汇补偿标准确定方式的效率差异；Knoke等（2011）研究了把热带雨林分别变成自然林、人工林、牧场和农田对碳汇补偿额度的影响，发现用于农田的碳汇补偿额度最高。

国内关于保护性耕作生态效益补偿的文献相对较少，本部分主要从以下三方面评述相关文献：

一是关于保护性耕作生态效益补偿的必要性。赵旭强等（2012）总结了我国保护性耕作推广现状和存在的问题，结合保护性耕作技术特点对其推广不足的原因进行了经济学解释，指出由于正外部性的存在，补贴是加快推广的主要政策手段。高琪等（2015）指出生态效益补偿制度的缺失是阻碍保护性耕作推广的重要原因，提出可通过补贴与补偿耦合机制、合约补偿机制、碳汇补偿机制等手段构建保护性耕作生态效益补偿制度。一些学者选取免耕和秸秆还田等核心技术研究保护性耕作生态效益补偿问题。例如，芮雯奕等（2008）根据固碳效应和碳汇价格制定出保护性耕作的政府补贴标准：依据实际测算结果制定的秸秆还田和免耕补贴标准分别为每年每亩6.4元和9.1元，依据模型模拟制定的秸秆还田和免耕补贴标准分别为每年每亩4.6元和7.0元。蔡派（2007）在介绍中国免耕技术推广现状的基础上，提出补贴政策是普及免耕的助推器，建议按新增投入品成本的一半进行补贴，即单季免耕每年每公顷补贴225元。彭文英等（2009）、王晓娜（2009）研究了北京地区推广免耕技术的经济补偿，提出免耕补偿适合走"技术补贴+生态效益补偿"道路，并根据机具成本和秸秆效益计算出以每公顷2600元补偿地方政府，每公顷4500元补偿农户。程红（2012）以济宁市任城区为例，基于秸秆还田的碳汇功能，根据农户受偿意愿和机会成本分别测算出补偿标准，最后采用了意愿法测算的补偿标准，即每年每亩补偿287.48元。

二是关于农业土壤碳汇补偿与农户耕作行为激励的研究。廖薇（2009）

构建了农户耕作行为的土壤碳汇激励模型，刘奕等（2013）在该理论模型的基础上，基于四川省都江堰地区调查数据，发现只有当农业土壤碳汇补贴不低于农户的机会成本时，农户才会主动选择有利于碳汇的耕作方式。黄强等（2013）通过对土壤碳汇补偿的法律基础、补偿标准以及泄漏与风险等方面的研究表明，土壤碳汇补偿面临诸多困境与不确定性，建议完善土壤碳汇法律法规、建立土壤碳库信息系统、建立碳基金和完善国内碳交易市场以化解土壤碳汇补偿困境。

三是种植业低碳生产的生态效益补偿研究。梁龙等（2011）以山东桓台为例，测算了发展清洁生产对小麦—玉米轮作模式碳排放量的影响，表明通过测土配方和秸秆还田，每公顷农田的碳减排效益在651元左右。李颖等（2014）以粮食作物的碳汇生态功能为前提，测算出山东省小麦—玉米轮作农田生态系统中单位面积的碳汇效益为每年每公顷814.22元，并以此确定碳汇功能生态效益补偿标准。古南正皓等（2014）基于低碳农业外部性和现有粮食补贴机制的不足，提出在现有补贴机制中纳入低碳生产的考量，构建种植业低碳补偿机制。

## 二、保护性耕作技术采用影响因素研究

高旺盛（2007）将保护性耕作的核心技术分为三大类：免耕、深松等以改变土壤物理性状为主的技术，秸秆覆盖、留茬或残茬覆盖等以增加地面覆盖为主的技术，沟垄耕作、等高耕作等以改变微地形为主的技术，并提出建立保护性耕作制的关键是建立土壤轮耕技术体系和多元化覆盖技术体系。

国外已有大量关于保护性耕作推广应用影响因素的研究。Fowler等（2001）在回顾非洲农业发展历程和保护性耕作推广实践后指出，非洲农民和农学家的意愿、发现、知识与世界其他保护性耕作研究者和实践者的经验、理解共同作用，给保护性耕作的推广聚集了动力。Knowler等（2007）在总结回顾了30多篇相关文献后指出，相同因素对不同国家或地区采用保护性耕作技术的影响是不同的。Giller等（2009）总结了非洲保护性耕作推广中的问题，如产量下降、不用除草剂时对劳动的需求增加、由于秸秆优先用作饲料而缺少覆盖物等，指出非洲保护性耕作采用率并没有提高，当务之急是进行批判性评价，形成使保护性耕作更好地适应非洲小农

生产的生态和社会经济条件。

关于保护性耕作采用影响因素的实证研究。Lambert 等（2007）对美国的研究发现，政府对优秀农场经营者的奖励政策对农户采用保护性耕作产生了积极影响。Bewket（2007）对埃塞俄比亚的研究表明，风险偏好会影响农户采纳保护性耕作的倾向。D'Emden 等（2008）对澳大利亚的研究显示，技术援助工程、与推广机构联系能促进农户采用保护性耕作。Sattlera 等（2010）对德国东北部农户的调查发现，经济效益并非影响农户采纳保护性耕作的最重要因素，风险因素的影响更大，为后代更好地保护耕地资源、提高农户社会声誉也是优先考虑的因素。Macary 等（2010）对越南北部山地农户的研究发现，明确土地权是促使其积极采用保护性耕作的有效方法。Vignola 等（2010）对哥斯达黎加农户的研究表明，受教育程度高的农户对不采用保护性耕作将导致耕地质量下降的意识更强，对采用保护性耕作的积极性更高。

国内也有大量关于保护性耕作采用影响因素的研究。从农户层面研究保护性耕作采用影响因素的文献相对较多，如曹光乔等（2008）采用二元 Logit 模型分析了农户采纳少免耕播种和秸秆还田两项技术的影响因素，表明政府补贴措施和粮食商品化程度显著影响农户对保护性耕作技术的采纳；汤秋香等（2009）针对不同保护性耕作模式的分析表明，政府示范与宣传引导和邻里效应是促进农户采纳的主要原因；马丽等（2010）对辽西玉米种植户的研究表明，种植规模大且拥有农机具数量多的农户更倾向于采用保护性耕作技术；肖建英等（2012）采用二元 Logit 模型和 AHP 法分析了农户对保护性耕作方式响应意愿的影响因素，表明农业收入比例、信息渠道等因素有积极影响，地块数量、耕地权属感知有消极影响。

一些学者从村庄层面或基于各相关主体的调查研究了保护性耕作采用的影响因素。例如，王金霞等（2009）基于村级调查数据对黄河流域保护性耕作技术采用影响因素的分析，表明政策支持、项目实施、劳动力机会成本和灌溉条件等因素影响保护性耕作技术采用。任金政等（2009）基于对山西省 19 个项目县 230 位熟悉保护性耕作技术推广应用的管理人员、技术人员、乡村干部、农机户和农户的调查数据，表明技术体系熟化度、机具经济性、农机户作业收入、农户对新技术接受能力、机具适用性、作业服务方式等因素是保护性耕作技术推广中需重点考虑的因素。

关于补贴政策对农户采用保护性耕作行为的影响。钱家荣等（2011）

基于江苏和河南调查数据，运用 Logit 模型分析秸秆还田补贴政策的实施效果，发现补贴变量对技术采用有正向影响，但在统计上不显著。赵旭强等（2012）使用山西省调查数据分析农户对保护性耕作补贴政策的总体评价，结论是政府补贴是推进这一技术实施的主要手段。乔金杰等（2014）运用联立方程模型分析保护性耕作技术补贴与农户采用技术行为之间的相关关系和补贴目标定位，发现技术采用的补贴边际效应是 0.17，提出可通过将保护性耕作补贴纳入农业环保补贴和补贴持续化等手段提高技术采用率。刘勤等（2014）采用 Logistic 模型实证分析农户秸秆还田采用行为，表明农机作业补贴政策对农户技术采用行为有显著激励作用。

## 三、农机社会化服务与保护性耕作采用

生产性服务业在农业现代化进程中发挥着重要作用。姜长云（2010）认为，当前已具备加快发展农业生产性服务业的条件，农机作业服务是一种重要的生产性服务。许锦英等（2000）认为，农业生产的分工和专业化催生了农机服务产业化。曹光乔等（2006）探讨了农机社会化服务的实质、动力机制和推进路径。姜长云（2014）提出，农业产中服务业是农业生产性服务业的重要组成部分，农机服务业是农业产中服务业的重要节点。蔡键等（2016）认为，劳动力与资本相对价格上升是农业机械化发展的前提条件，华北平原出现农机作业服务市场的根本原因是家庭式小规模经营与其平原地区适宜发展大型农机的地貌条件不匹配。

农户对农机作业服务的需求可通过两种方式满足：持有农机自我服务或购买农机社会化服务。纪月清等（2011）、Ji 等（2012）认为，非农就业将促使农机作业不断从家庭持有小型农机的自我服务转向市场化服务。Liu 等（2013）、Wang 等（2016）研究了劳动力价格对农机使用的影响，认为工资上涨促进了农机作业对劳动的替代。一些学者关注农机社会化服务采用。Yang 等（2013）研究了中国的跨区农机作业服务。宋海英等（2015）发现社会化服务已成为大多数小麦种植户农机作业的首选，平原地带的农机社会化服务程度高于丘陵和山区。纪月清等（2016）的研究表明，耕地和收割环节分别有 70.54% 和 66.83% 的农户全部采用农机社会化服务，老龄户和女性户更偏向于采用农机社会化服务，耕地细碎化则阻碍农机服务采用。

舒坤良（2009）认为，由于发达国家农机社会化服务几乎涵盖农业的所有子系统，导致相关研究较少。一些学者研究了其他发展中国家的农机社会化服务。例如，Takigama 等（2002）对泰国水稻种植的农机社会化服务进行了调查分析，认为社会化服务已成为泰国水稻生产中农机作业的主要方式；Wander 等（2003）分析了巴西小型农场选择农机社会化服务而不是自购农机的影响因素，认为交易成本分析不适于政府农机服务机构；Ghosh（2010）运用 Logit 模型研究了印度农场机械化的决定因素，认为年龄、灌溉、信贷、政府支持等因素显著影响农机社会化服务采用；Mottaleb 等（2016）使用 Probit 模型分析了孟加拉国三种最常用的小型农业机械——水泵、脱粒机、耕耘机采用的影响因素，表明家庭资产、信贷可获得性、电气化和道路的密度与持有机械正相关。

国外已有大量关于保护性耕作采用的研究。Grabowski 等（2016）对赞比亚的研究发现，即使在免耕采用率较高的社区，也只有 20% 的玉米田和12% 的棉田采用了免耕，劳动力约束和设备成本是限制因素。Ward 等（2016）研究了马拉维农民对保护性农业实践的偏好，结果显示，秸秆覆盖和间作呈现互补性，农民将免耕看作是秸秆覆盖和间作的替代，适当补贴有助于增加一系列保护性农业实践的采用。Hulsta 和 Posthumus（2016）采用理性行动方法研究了肯尼亚农民对保护性农业的选择，分析了决策制定的三个要素：对保护性农业的态度、对社会规范的感知和可察觉的行为控制，发现试验和学习对支持保护性农业的意愿和采用很关键，因为其有助于导向采用保护性农业的现实态度和改进的可察觉的行为控制。

一些学者研究了国内深松补贴政策的发展及实施状况。李安宁等（2013）指出，深松作业成本高于普通耕作，应加大深松作业补贴政策实施力度。吕开宇等（2016）的研究表明，东北地区深松作业已覆盖大部分耕地，但面临着补贴力度不足等障碍；华北地区已推广，但尚未普及。另一些学者将深松与免耕、秸秆覆盖等技术作为一个整体研究了保护性耕作采用的影响因素，如王金霞等（2009）的研究表明，政策支持、项目实施、劳动力机会成本和灌溉条件等因素影响保护性耕作技术的采用。此外，曹光乔等（2008）发现，政府补贴显著影响农户采用免耕和秸秆还田；钱家荣等（2011）、刘勤等（2014）发现，秸秆还田补贴对农户采用秸秆还田有正向影响。

国外一些学者研究了农业外包服务的动力以及影响因素。Vernimmenet

等（2000）将农业外包定义为把部分农业生产管理环节转移给被委托人和其他农场完成，并分析了比利时农场主外包农场管理的交易成本。Gianessia 等（2005）指出，劳动力成本是国际间农业外包服务产生的重要推力。Massayo 等（2008）在比较荷兰和日本的农业外包后，得出农业外包的五个重要影响因素分别为农场规模、劳动力保有情况、生产多样性、机械所有权及文化因素。

近年来，国内学者开始关注农业生产性服务的效应、效益或效率。赵玉妹等（2013）分析了农技外包的利益创造机制和利益分配机制。陈超等（2012）、张忠军等（2015）发现生产性服务外包有利于提高水稻生产率，但不同环节存在差异，病虫害防治等技术密集型环节外包比插秧等劳动密集型环节外包能带来更大的生产率效应。孙顶强等（2016）研究了生产性服务对水稻生产技术效率的影响，发现整地和插秧环节的服务对水稻生产技术效率有显著的正向影响，病虫害防治对水稻生产技术效率有负向影响。刘强等（2017）发现，金融保险服务、技术服务、机械服务和加工销售服务能提高水稻成本效率。

## 四、小结

关于保护性耕作生态效益补偿研究的思考：保护性耕作具有固碳减排、保持水土等生态环境服务功能，是农业节能减排固碳的主要手段之一，但在中国推广较慢，除观念、技术等方面的原因外，生态效益补偿制度不完善是阻碍其推广的重要原因。从保护性耕作生态效益的外部性出发，构建补偿机制，以弥补保护性耕作推广中的激励不足问题。通过转变耕作方式、实行农田土壤保护性耕作可增加土壤碳汇，起到间接减少碳排放的作用。目前对农田土壤碳汇及保护性耕作增加碳汇功能的经济学视角研究相对较少，基于土壤碳汇功能来研究保护性耕作的生态效益补偿机制，视角较新。根据单位面积净碳汇量和单位碳汇市场价格确定单位面积保护性耕作碳汇效益，通过条件价值评估法测度农户受偿意愿。补偿标准确定方面，可用碳汇效益作为上限，用机会成本损失作为下限，用农户受偿意愿作为参照标准，综合考虑上述三种因素确定保护性耕作碳汇功能生态效益补偿标准。

关于保护性耕作技术采用及农机服务方式：耕、种、收是种植业生产中劳动强度最大的环节，也是当前我国农业机械化实现程度最高、农机社会化服务采用率最高的环节。随着农业劳动力非农转移和农机作业服务市场的发展，近年来已有学者以耕、种、收环节为例，研究农户对农机社会化服务的选择以及耕、种、收环节服务外包对农业生产效率的影响，但这些研究并不特别关注采用的是深松整地、少免耕播种，还是普通耕作方式。而以往关于农户保护性耕作采用影响因素的研究大多只是把其作为一种新型耕作技术，研究农户的技术采纳行为，并不特别关注这种技术的实现是通过农机作业服务市场还是通过自购机械自我服务。本研究认为有必要把二者结合起来，以深松整地、秸秆还田、少免耕播种为例，将其放在农机作业服务市场快速发展的大背景下，研究保护性耕作农机作业服务的采用，同时考虑规模农户和普通农户的分化，一方面可以深化以往保护性耕作采用影响因素的研究，另一方面可以细化现有的农机服务供给与需求研究。

# 第三章 农业碳排放与低碳农业：测度、评价及决定

本章首先从宏观层面构建农业碳排放测度体系，在对我国农业碳排放的总量、结构和效率进行测度的基础上，分析我国农业碳排放强度的决定机制；其次从微观层面构建农户低碳生产行为评价指标体系，并基于微观调查数据对样本地区农户的农业生产低碳化程度进行综合评价；最后结合当前农业劳动力转移和农地流转的经济社会背景，基于调查数据考察非农就业对农户碳排放行为的影响，以期为农业碳减排和低碳农业发展相关政策的制定提供参考依据。

从生命周期的角度来看，农产品在农场以外的其他产业链环节上的碳排放也应包括在广义的农业碳排放范畴内，包括食品、烟草、部分纺织品等使用农业原料的加工业，以及产品运输、销售，最后到达消费者的全过程产生的碳排放。一方面由于缺乏相应数据，另一方面本书侧重于生产环节，因此，在构建宏观层面的农业碳排放测度体系和微观农户的低碳生产行为评价指标体系时没有考虑农产品在农场以外的其他产业链环节，如加工、运输等环节的碳排放。

## 第一节 中国农业碳排放的测度及其长期决定

农业是与气候变化和温室气体排放密切相关的产业。一方面，农业最易遭受气候变化的影响；另一方面，农业是温室气体排放的重要来源。从全球看，农业温室气体排放仅次于电热生产，约占全球温室气体排放总量的14%（IPCC，2007），我国农业温室气体排放约占全国温室气体排放总

量的 17%（中国环境与发展国际合作委员会，2004）。在经济发展日益受到能源和环境制约以及国际社会共同应对气候变化的背景下，减少农业温室气体排放和发展低碳农业成为农业发展的必然选择。

实现农业碳减排必须首先明晰农业温室气体的排放来源、排放数量及结构特征，为此需要测算农业碳排放量。目前已有一些研究从水稻种植、畜禽养殖和农业能源等多方面测算了中国农业碳排放量。

水稻种植和畜禽养殖碳排放的研究方面，Zhou 等（2007）测算了中国 1949~2003 年的畜禽温室气体排放量，显示中国畜禽温室气体排放总量增长了 2.78 倍。董红敏等（2008）分析得出中国农业活动产生的 $CH_4$ 和 $N_2O$ 分别占全国 $CH_4$ 和 $N_2O$ 排放总量的 50.15% 和 92.47%。胡向东和王济民（2010）估算了 2000~2007 年全国以及 2007 年国内各省份的畜禽温室气体排放量，发现黄牛的 $CH_4$ 排放量最大，生猪的 $N_2O$ 排放量最大。闵继胜和胡浩（2012）测算了中国 1991~2008 年农业温室气体排放量，发现种植业的 $CH_4$ 排放量上升而 $N_2O$ 排放量下降，同期畜牧业的 $CH_4$ 排放量和 $N_2O$ 排放量均呈现出先升后降的趋势。

农业能源和化学品碳排放研究方面，李国志和李宗植（2010）测算了 1981~2007 年中国农业能源消耗 $CO_2$ 排放量，研究发现，中国农业能源 $CO_2$ 排放量在逐年上升，而碳排放强度总体上呈下降趋势。冉光和等（2011）将农业能源消耗与化肥等投入品纳入碳排放评价体系，结果显示，改革开放以来，我国农业生产碳排放以年均 5% 的速度在增长。李波等（2011）基于化肥、农药、柴油等农业生产六个主要方面的碳源测算了我国 1993~2008 年的农业碳排放量，发现我国农业碳排放量处于阶段性上升态势。黄祖辉和米松华（2011）采用分层投入产出—生命周期评价法测算了 2007 年浙江省农业碳足迹，结果显示，按照 IPCC 方法核算的农业碳排放只占农业总碳足迹的 43.55%。田云等（2012）测算了 1995~2010 年我国农业碳排放总量以及 2010 年我国 31 个省份农业碳排放量，发现我国农业碳排放总量呈现出较明显的"上升—下降—上升"三阶段特征，粮食主产省是我国农业碳排放的主要来源地。

上述研究大多将种养自然源与能源消耗碳排放分开核算，一些研究虽然兼顾了水稻种植、畜禽养殖以及农业能源所导致的碳排放，但并未根据温室气体种类和产生机理对各种碳排放源进行类别和层次的梳理。本部分借鉴已有研究成果，基于生命周期思想对农业碳排放活动进行界定和分类，继而构建农业碳排放测算体系；采用碳足迹方法统筹核算农业自然源排放与能源消耗引起的碳排放，动态考察其数量变动、结构特征和效率演进，有利于全面分析各种碳排放源在农业碳减排中的作用。在此基础上，本节考察了农业碳排放强度的决定机制，以期为农业碳减排的进一步研究和相关政策的制定提供参考依据。

## 一、农业碳排放量测算的分析框架

### 1. 农业碳排放测算体系的构建

（1）农业温室气体界定。根据《IPCC 国家温室气体清单指南》（2006）第四卷（农业、林业和其他土地利用），$CO_2$、$CH_4$ 和 $N_2O$ 是农业部门主要的温室气体排放种类。测算农业碳排放量时，利用全球增温潜势（GWP）将各种温室气体统一折算为 $CO_2e$[①] 进行度量。

（2）农业碳排放活动界定。从生命周期角度，农业部门从种养业自然生产到能源和投入品使用以及废弃物处理的全过程中，产生碳排放的活动具体包括：水稻种植和畜禽肠道发酵产生 $CH_4$，农田土壤施用氮肥产生 $N_2O$，[②] 农业机械燃烧化石能源产生 $CO_2$，生产电力和化肥等农业投入品产生 $CO_2$，以及畜禽粪便处理和秸秆焚烧等农业废弃物处理活动产生 $CO_2$、$CH_4$ 和 $N_2O$。

农业对净碳排放的贡献除生命周期内产生直接或间接的碳排放外，还包括农业碳汇效应和生物质能源的减碳效应。因此，本节把农业技术和管理措施（主要是免耕、秸秆还田等保护性耕作措施以及利用秸秆、粪便等农业废弃物制造生物质能源等）的减碳效应包括在农业碳排放测算体系中，对于净碳排放的测算将在农业碳排放总量中扣除减碳效应。

（3）农业碳排放活动分类。根据碳排放发生时间及其与工业投入品的关系，将农业碳排放分为以下形式：种养自然源排放、能源和农用化学品引起的碳排放、废弃物处理产生的碳排放。能源和农用化学品引起的碳排

---

① $CO_2e$ 是测算不同温室气体排放量的度量单位，通过将某种温室气体的数量乘以其全球增温潜势（GWP）得到。根据 IPCC 第四次评估报告（2007），$GWP_{(CO_2)} = 1$，$GWP_{(CH_4)} = 25$，$GWP_{(N_2O)} = 298$。本书中涉及的碳排放量统一用 $CO_2e$ 折算和度量。

② 农田土壤 $N_2O$ 排放包括土壤本底 $N_2O$ 排放和肥料 $N_2O$ 排放，本节只测算肥料 $N_2O$ 排放，不考虑土壤本底 $N_2O$ 排放。产生 $N_2O$ 的肥料包括氮肥和含氮复合肥，本节中复合肥含氮量按 1/3 折算。

放又分为直接碳排放和间接碳排放。农业生产使用能源和化学品引起的直接碳排放主要包括农田施用氮肥引起的 $N_2O$ 排放、化石能源燃烧产生的 $CO_2$ 排放；农业生产使用能源和化学品导致的间接碳排放主要包括电力在能源转化过程中、化肥等投入品在生产和运输过程中产生的碳排放。

加上具有减碳效应的保护性耕作等固碳减排措施，本节共将农业净碳排放划分为 4 种形式。在 4 种净碳排放形式的基础上，进一步将农业碳排放活动按照碳排放来源划分为 7 类，每类碳排放活动包含若干种碳排放源，从而构建起一个由 4 种碳排放形式、7 类碳排放活动和 15 种碳排放源组成的农业碳排放测算体系。这一农业碳排放测算体系以碳排放活动为测算主体，涵盖碳排放形式、碳排放源和温室气体种类，具体如表 3-1 所示。

表 3-1　农业碳排放测算体系

| 排放形式 | 排放活动 | | 碳排放源 | 温室气体种类 |
|---|---|---|---|---|
| 种养自然源排放 | 第一类 | 种植养殖直接排放 | 水稻种植 | $CH_4$ |
| | | | 动物肠道发酵 | $CH_4$ |
| 能源和农用化学品引起的碳排放 | 第二类 | 农田土壤直接排放 | 氮肥施用 | $N_2O$ |
| | 第三类 | 农用化石能源直接排放 | 柴油燃烧 | $CO_2$ |
| | | | 汽油燃烧 | $CO_2$ |
| | | | 煤炭燃烧 | $CO_2$ |
| | | | 焦炭燃烧 | $CO_2$ |
| | 第四类 | 农用电力间接排放 | 农业用电间接排放 | $CO_2$ |
| | 第五类 | 农用化学品隐含碳 | 化肥生命周期隐含碳 | $CO_2$ |
| | | | 农药生命周期隐含碳 | $CO_2$ |
| | | | 农膜生命周期隐含碳 | $CO_2$ |
| 废弃物处理排放 | 第六类 | 种养废弃物处理排放 | 粪便管理 | $CH_4$、$N_2O$ |
| | | | 秸秆焚烧 | $CO_2$ |
| 减碳效应 | 第七类 | 固碳措施的减碳效应 | 免耕固碳 | $CO_2$ |
| | | | 秸秆还田固碳 | $CO_2$ |

注：①本节中的农业用电指灌溉、排涝、机耕等农业机械作业用电，不包括照明和农产品加工业用电。
　　②由于利用农业废弃物制造生物质能源的活动数据和减排系数难以获取，本节构建的农业碳排放测算体系在农业技术和管理措施的减排效应上只考虑免耕和秸秆还田两类固碳措施的作用。

2. 农业碳排放量的计算

（1）农业碳排放量的计算方法。计算碳排放量的方法主要包括生命周期评价法（LCA）和投入产出法（IO）。在构建农业碳排放测算体系后，还需获取单位碳排放源所排放的温室气体数量，即排放系数。碳排放源的数量，即活动数据，在计算碳排放量时使用。

碳足迹可定义为从生命周期角度出发计算出的碳排放量。两种碳排放量计算方法中，LCA 方法比较简便，应用该方法计算碳排放量的关键在于完整地界定碳排放活动；IO 方法相对复杂，该方法主要用于分析能源消耗碳排放，所需数据量较大，且我国的投入产出表每 5 年公布一次，IO 方法不能进行农业碳排放量的年度变动分析。因此，本节主要基于生命周期思想并采用 LCA 方法计算农业碳排放量。

（2）农业碳排放量的计算公式。各类农业碳排放活动碳排放量的计算公式为：

$$T_i = \sum_j (E_{ij} \cdot \theta_{ij} \cdot GWP) \qquad (3-1)$$

其中，$T_i$ 为第 i 类活动的碳排放量，$E_{ij}$ 为每类活动中各排放源的数量，$\theta_{ij}$ 为各排放源的碳排放系数，i 和 j 分别表示活动类别和排放源类别，GWP 为所排放温室气体的增温潜势。

将前 6 类碳排放活动的排放量加总，得到农业生产全生命周期内的碳排放总量，计算公式为：

$$T = \sum_{i=1}^{6} T_i \qquad (3-2)$$

在农业碳排放总量的基础上扣除减碳效应可得到农业净碳排放量，计算公式为：

$$T_{net} = T - T_7 \qquad (3-3)$$

# 二、中国农业碳排放量：测算、结构与效率

1. 数据来源

水稻种植面积及农业生产施用化肥量的数据来自《中国统计年鉴》，牲

畜饲养量 ① 的数据来自《中国农业年鉴》，农业生产使用柴油、汽油、煤炭、焦炭和电力量的数据来自《中国能源统计年鉴》，农业生产使用农药和农膜量的数据来自《中国农村统计年鉴》。各种碳排放源的碳排系数及系数来源如表 3-2 所示。

**表 3-2　农业碳排放源、碳排系数及系数来源**

| 碳排放源 | 碳排系数 | 系数来源 |
|---|---|---|
| 水稻种植 $CH_4$ 排放 ② | 338 千克 $CH_4$/公顷/年 | 王效科等（2003） |
| 动物肠道发酵 $CH_4$ 排放 | 奶牛 61 千克/头/年，水牛 55 千克/头/年，黄牛 47 千克/头/年；马 18 千克/匹/年，驴和骡 10 千克/头（匹）/年，骆驼 46 千克/峰/年；猪 1 千克/头/年，山羊和绵羊 5 千克/只/年 | IPCC 指南（2006） |
| 氮肥 $N_2O$ 排放 | 旱地氮肥 0.0165 千克 $N_2O$/千克，水田氮肥 0.0064 千克 $N_2O$/千克 | 张强等（2010） |
| 柴油燃烧排放 | 3.16 千克 $CO_2$/千克 | IPCC 指南（2006） |
| 汽油燃烧排放 | 3.01 千克 $CO_2$/千克 | IPCC 指南（2006） |
| 煤炭燃烧排放 | 2.01 千克 $CO_2$/千克 | IPCC 指南（2006） |
| 焦炭燃烧排放 | 3.04 千克 $CO_2$/千克 | IPCC 指南（2006） |
| 农业用电间接排放 ③ | 0.80 千克 $CO_2$/千瓦时 | IPCC 指南（2006） |
| 化肥隐含碳排放 ④ | 氮肥 3.10 千克 $CO_2$/千克，磷肥 0.61 千克 $CO_2$/千克，钾肥 0.44 千克 $CO_2$/千克 | West 和 Marland（2002） |
| 农药隐含碳排放 | 18.1 千克 $CO_2$/千克 | West 和 Marland（2002） |
| 农膜隐含碳排放 | 19.0 千克 $CO_2$/千克 | 李波等（2011） |

① 本节参照胡向东和王济民（2010）的做法，当出栏率大于或等于 1 时，饲养量采用出栏量调整；当出栏率小于 1 时，饲养量采用年末存栏量调整。某些年份个别牲畜品种的存栏量数据缺失，本节取其前三年的平均值。

② IPCC 指南（2006）给出的水灌田 $CH_4$ 基准排放因子为 1.3 千克/公顷/天，具体排放因子需要根据水分状况、秸秆还田状况和生长期进行调整。考虑到各地自然禀赋和农业技术差异较大，故本节采用王效科等（2003）测算的数据，以年为单位，不考虑自然禀赋和生产技术变动。

③ 根据 IPCC 指南（2006）计算的电力碳排系数为 0.997 千克 $CO_2$/千瓦时，由于仅火力发电产生碳排放，故再乘以我国的平均火电系数（约 80%），最终电力碳排系数实取 0.80 千克 $CO_2$/千瓦时。

④ West 和 Marland（2002）给出了氮肥、磷肥和钾肥的隐含碳排系数，本节根据三者的算术平均值计算得到复合肥碳排系数；农药隐含碳排系数根据除草剂、杀虫剂和杀真菌剂碳排系数的算术平均值计算得到。

| 碳排放源 | 碳排系数 | 系数来源 |
| --- | --- | --- |
| 粪便管理 $CH_4$ 排放① | 奶牛 13 千克/头/年，水牛 2 千克/头/年，黄牛 1 千克/头/年，马 1.64 千克/匹/年，驴和骡 0.90 千克/头（匹）/年，骆驼 1.92 千克/峰/年，猪 3 千克/头/年，山羊 0.17 千克/只/年，绵羊 0.15 千克/只/年 | IPCC 指南（2006） |
| 粪便管理 $N_2O$ 排放 | 奶牛 1.00 千克/头/年，水牛 1.34 千克/头/年，黄牛 1.39 千克/头/年；马 1.39 千克/匹/年，驴和骡 1.39 千克/头（匹）/年，骆驼 1.39 千克/峰/年；猪 0.53 千克/头/年，山羊和绵羊 0.33 千克/只/年 | 胡向东和王济民（2010） |

注：由于无法获得确切的秸秆焚烧量，本节在计算农业碳排放总量时未包括秸秆焚烧产生的碳排放量；且由于难以获得连续的免耕和秸秆还田面积，本节未在农业碳排放总量中扣除减碳效应。

2. 测算结果

（1）农业碳排放总量。1985~2015 年中国农业碳排放总量及其增长率变动趋势如图 3-1 所示。

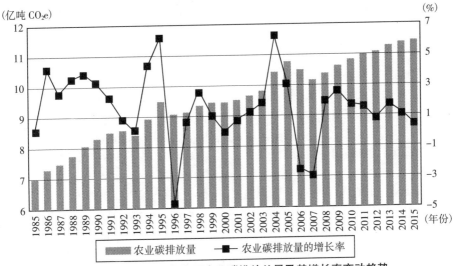

图 3-1　1985~2015 年中国农业碳排放总量及其增长率变动趋势

资料来源：历年《中国统计年鉴》《中国农业年鉴》《中国能源统计年鉴》《中国农村统计年鉴》。

---

① 动物粪便管理 $CH_4$ 排放与气温正相关，我国总体上属于温和地区，各主要城市年均气温在 15℃左右，故本节按年均气温 15℃选取我国动物粪便 $CH_4$ 排放系数。

中国农业碳排放总量除个别年份外总体上呈现逐年增长趋势，从 1985 年的 6.99 亿吨 $CO_2e$ 增长到 2015 年的 11.41 亿吨 $CO_2e$，增长了 63.23%，年均增长 2.11%。根据年度增长率大致可将农业碳排放总量变动划分为 3 个时期：1986~1995 年、1996~2005 年和 2006~2015 年，其年度平均增长率分别为 3.12%、1.29% 和 0.62%，这表明中国农业碳排放总量虽然总体上呈增长趋势，但是增长速度却在减缓。

（2）农业碳排放结构。1985~2015 年中国农业碳排放结构变动趋势如图 3-2 所示。

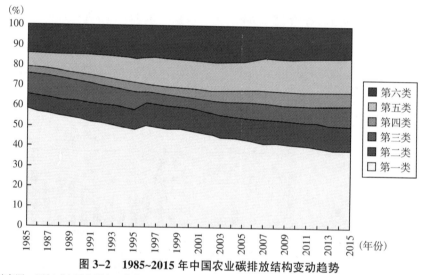

**图 3-2  1985~2015 年中国农业碳排放结构变动趋势**

资料来源：历年《中国统计年鉴》《中国农业年鉴》《中国能源统计年鉴》《中国农村统计年鉴》。

排放活动方面，种养自然源排放（第一类）是最重要的农业碳排放活动，但其所占的份额正在下降，已由 58.25% 降至 38.87%；农用化学品隐含碳（第五类）位居第二，且份额不断上升，到 2015 年已增至 16.90%。农田 $N_2O$ 排放（第二类）和动物粪便管理碳排放（第六类）所占的份额比较稳定，分别在 7%~12% 和 14%~18% 的范围内波动。

排放形式方面，能源和农用化学品引起的碳排放（第二、第三、第四、第五类）比重已由 28.02% 增至 45.52%，份额不断上升。其中，农用化学品引起的碳排放（第二、第五类）由 14.57% 增至 28.73%；农用能源碳排放（第三、第四类）除 1996~2001 年低于 10% 以外，大部分年份介于 13%~

17%。总体来看，化石能源的排放份额在下降，电力的排放份额在上升。

温室气体种类方面，中国农业生产最主要的温室气体仍然是$CH_4$，但其所占份额不断下降，$CO_2$排放份额正迅速上升。种养自然源和废弃物处理（第一类、第六类中的一部分）是农业$CH_4$的主要来源，其排放份额已由60.29%降至42.24%；能源和化学品使用（包括第三、第四、第五类）是$CO_2$的主要来源，其排放份额已由20.33%增至33.70%；$N_2O$排放（第二类、第六类中的一部分）在19%~26%的范围内波动。

测算方法方面，国际惯例IPCC方法大大低估了农业对碳排放的贡献。在IPCC分类方法中，只把水稻种植、畜禽养殖和农田$N_2O$等非$CO_2$类温室气体排放包括在农业碳排放内，而能源和农用化学品引起的直接和间接$CO_2$排放被计入能源和工业生产。1985~2015年，按照该方法计算的中国农业碳排放量（包括第一、第二、第六类）占农业碳排放总量的比重已由79.67%降至66.30%。随着现代农业的发展，能源和农用化学品引起的碳排放比重在不断增大，将其排除在外的IPCC分类方法将越来越不能适应农业碳排放测算的需要。

（3）农业碳排放效率。通过农业碳排放总量进一步得到农业碳排放强度和农业碳排放密度（见图3-3），可用于反映农业碳排放效率。平均每万元农业GDP所产生的碳排放量即农业碳排放强度，平均每公顷播种面

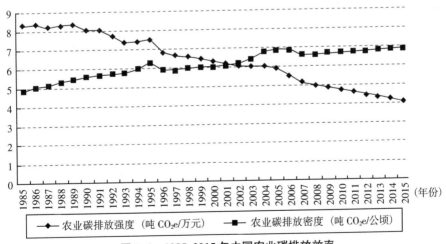

**图3-3 1985~2015年中国农业碳排放效率**

资料来源：历年《中国统计年鉴》《中国农业年鉴》《中国能源统计年鉴》《中国农村统计年鉴》。

积上所产生的碳排放量即农业碳排放密度。

1985~2015 年，中国农业碳排放强度（2000 年不变价格）由 8.34 吨 $CO_2e$/万元降至 4.11 吨 $CO_2e$/万元，降低了 50.72%，可将农业碳排放强度的下降看作农业碳排放效率的提高；同期农业碳排放密度由 4.86 吨 $CO_2e$/公顷增至 6.86 吨 $CO_2e$/公顷，增长了 41.15%。

## 三、中国农业碳排放强度的决定机制

### 1. 分析框架

（1）研究假说。前文构建了农业碳排放测算体系，并进行了中国农业碳排放量测算的实证分析，但是尚未对农业碳排放量变动的原因做出相应解释。为此，本节用农业碳排放强度反映农业碳排放状况，进一步分析其变动的原因。

目前已有不少碳排放决定因素方面的文献，较多的研究使用指数分解法分析碳排放的决定因素，如 Zhang 等（2009）、李国志和李宗植（2010）、李波等（2011）、田云等（2011）、史常亮等（2017）、吴贤荣和张俊飚（2017）；另一种常见思路是基于环境库兹涅茨曲线假说重点考察经济增长的影响，如 Friedl 和 Getzner（2003）、Mills 和 Thomas（2009）；还有一些学者利用面板数据研究碳排放效率的决定，如王群伟等（2010）、魏梅等（2010）。然而，在碳足迹核算基础上研究农业碳排放决定的尚不多见。

本节在现有研究基础上结合农业生产特点，选取农用化肥结构、农业产业结构、农用能源强度和农业公共投资作为农业碳排放强度的决定因素，分别用氮肥用量占化肥总用量的比重、畜牧业产值占农业总产值的比重、单位农业总产值的能源消费量和国家财政用于农业的支出占农业总产值的比重表示，上述产值指标均为按照 2000 年不变价计算的实际产值。

本节提出如下假说：①氮肥导致 $N_2O$ 直接排放和较高的隐含 $CO_2$ 排放，因此农用化肥中氮肥比重下降将会降低农业碳排放强度，即氮肥比重对农业碳排放强度具有正向影响；②畜禽肠道发酵和粪便管理会产生大量的 $CH_4$ 和 $N_2O$ 排放，因此农业产业结构中畜牧业比重上升将会提高农业碳排放强度，即畜牧业比重对农业碳排放强度具有正向影响；③政府投资是节能减排的重要资金来源，因此提高农业公共投资水平将会降低农业碳排放强度，即农业公共投资水平对农业碳排放强度具有负向影响；④能源消耗是农业碳排放的重要来源，能源强度可反映农业生产中的能源利用效率，能源强度低说明实现了低耗增长，能源强度降低将会促使农业碳排放强度下降，即农用能源强度对农业碳排放强度具有正向影响。

（2）模型选择及其说明。本节从农用化肥结构、农业产业结构、农业公共投资和农用能源强度四个方面考察中国农业碳排放强度的长期决定，各变量的定义及说明如表3–3所示。

表3–3　各变量的定义及说明

| 变量类别 | 变量名称 | 变量定义 | 单位 | 数据来源 |
|---|---|---|---|---|
| 被解释变量 | 农业碳排放强度 Y | 农业碳排放总量/农业总产值（实际产值，2000年价格） | 吨 $CO_2e$/万元 | 本节测算 |
| 解释变量 | 农用化肥结构 $X_1$ | 氮肥用量/化肥总用量 | % | 《中国统计年鉴》 |
| | 农业产业结构 $X_2$ | 畜牧业产值/农业总产值 | % | 《中国统计年鉴》 |
| | 农业公共投资 $X_3$ | 国家财政用于农业支出/农业总产值 | % | 《中国统计年鉴》 |
| | 农用能源强度 $X_4$ | 农用能源消费总量/农业总产值（实际产值，2000年价格） | 吨标准煤/万元 | 《中国统计年鉴》 |

为避免数据剧烈波动，本节进行了自然对数处理。基于对数化的时序数据构建如下计量模型：

$$LNY = \beta_0 + \beta_1 LNX_1 + \beta_2 LNX_2 + \beta_3 LNX_3 + \beta_4 LNX_4 + \mu \tag{3-4}$$

其中，LNY为经过自然对数处理的农业碳排放强度，$LNX_i$为经过自然对数处理的农业碳排放强度决定因素，$\beta_0$为截距项，$\beta_i$为系数项，$\mu$为随机扰动项。

2. 实证分析

（1）单位根检验。首先进行ADF单位根检验以考察数据的平稳性。检验结果表明，上述各变量1阶差分序列的ADF统计量均小于5%临界值，即各变量经过1次差分后均在5%的显著水平上通过了ADF平稳性检验。可见，各变量均为1阶单整变量。

（2）协整检验。上述变量的单整阶数相同，可进行协整检验。EG两步法和Johansen检验法是两种最常用的检验方法。由于本节研究多变量的协整关系，因此采用Johansen检验法。将最优滞后阶数确定为1阶，采用带确定性线性趋势且只有截距项的检验形式，结果如表 3-4 所示。

表 3-4　协整检验结果

| 零假设：协整向量的数目 | 特征根 | 迹检验 | | | 最大特征根检验 | | |
|---|---|---|---|---|---|---|---|
| | | 迹统计量 | 5%临界值 | P 值 | 最大特征根统计量 | 5%临界值 | P 值 |
| r = 0* | 0.8544 | 103.7072 | 69.8189 | 0.0000 | 48.1760 | 33.8769 | 0.0005 |
| r ≤ 1* | 0.6971 | 55.5312 | 47.8561 | 0.0081 | 29.8588 | 27.5843 | 0.0251 |
| r ≤ 2 | 0.5186 | 25.6724 | 29.7971 | 0.1388 | 18.2778 | 21.1316 | 0.1198 |
| r ≤ 3 | 0.2420 | 7.3946 | 15.4947 | 0.5322 | 6.9280 | 14.2646 | 0.4977 |
| r ≤ 4 | 0.0185 | 0.4666 | 3.8415 | 0.4945 | 0.4666 | 3.8415 | 0.4945 |
| 标准化的协整关系 | | | | | | | |
| 变量 | LNY | $LNX_1$ | $LNX_2$ | $LNX_3$ | $LNX_4$ | | |
| 协整系数 | 1.0000 | −0.5198 | −0.0807 | 0.2252 | −0.1983 | | |
| 标准误差 | | 0.1207 | 0.0823 | 0.0225 | 0.0262 | | |
| 对数似然率 | 281.9146 | | | | | | |

注：* 表示在 5%的显著性水平上拒绝原假设。

迹检验和最大特征根检验均显示，在 5%的显著性水平上拒绝不存在协整关系的假设，即 $LNX_i$ 和 LNY 之间存在长期均衡关系，可建立协整方程。

（3）模型结果分析。反映农业碳排放强度与其决定因素关系的协整方程为：

$$LNY = 0.5198LNX_1 + 0.0807LNX_2 - 0.2252LNX_3 + 0.1983LNX_4$$
$$(0.1207) \qquad (0.0823) \qquad (0.0225) \qquad (0.0262) \qquad (3-5)$$

分析标准化协整系数可以发现：①氮肥在化肥中的比重与农业碳排放强度具有长期稳定的正向关系，即氮肥在化肥中的比重下降将会降低农业碳排放强度，且其影响程度明显高于其他变量。化肥是农业碳排放的重要来源，氮肥由于产生 $N_2O$ 排放和较高的隐含碳排放而成为化肥中最重要的碳排放来源；另外，控制氮肥比重和调整化肥结构能在降低碳排放的同时起到增产增收效果，从而大大降低农业碳排放强度。②畜牧业在农业中的比重与农业碳排放强度呈现长期稳定的正向关系，但在统计上并不显著。

这反映出畜牧业高碳排放现状，由于畜禽肠道发酵和粪便处理产生大量的 $CH_4$ 和 $N_2O$ 排放，单位畜牧业产值的碳排放高于单位农、林、渔业产值的碳排放，故而畜牧业比重上升将会推动农业碳排放强度提高。③农业公共投资水平与农业碳排放强度呈长期稳定的负向关系，即长期提高农业公共投资水平有利于降低农业碳排放强度，但影响程度并不高。这表明，目前我国的农业公共投资已经对农业节能减排产生了一定的影响，但其效果还有待进一步加强，这可能是由于大量的农业公共投资并未投入到节能减排，或很多因素导致财政支出效率不高。④农用能源强度与农业碳排放强度呈现出长期稳定的正向关系，即万元农业 GDP 能耗量下降有利于降低农业碳排放强度。由此验证了能源消耗作为农业碳排放重要来源的作用，表明可以通过提高能源利用效率和减少能源消耗来降低农业碳排放强度。

## 四、结论与启示

1. 研究结论

（1）中国的农业碳排放总量呈上升趋势，农业碳排放强度呈下降趋势，农业碳排放结构中能源和农用化学品引起的碳排放比重不断上升，农业碳排放逐渐由主要来自种养自然源发展到能源和化学品与种养自然源排放比重相当甚至超过种养自然源的状况。现代农业中能源和农用化学品引起的碳排放已经占农业碳排放总量的 40% 以上，IPCC 分类方法将其排除在农业碳排放核算之外的做法已经明显不能适应农业碳减排理论研究和政策制定的要求，碳足迹核算方法从生命周期角度出发是农业碳排放测算的较好方法。

（2）农用化肥结构、农业产业结构、农用能源强度和农业公共投资与农业碳排放强度存在协整关系。从长期来看，氮肥在化肥中的比重、畜牧业在农业中的比重和单位农业产值的能源消耗量对农业碳排放强度具有正向影响，降低氮肥比重和农用能源强度、适当调整畜牧业比重能够降低农业碳排放强度，其中控制氮肥施用的效果最大；农业公共投资对农业碳排放强度具有负向影响，增加农业公共投资有利于降低农业碳排放强度。

2. 政策启示

（1）综合考虑粮食安全和减碳效果，应该把调整化肥结构和降低能源强度作为农业碳减排的重点，为此应在控制氮肥施用和降低能源消耗上采取措施。在控制氮肥施用方面，可以考虑将测土配方施肥技术的推广应用作为核心，继续推广氮肥减施、精准施肥、水肥一体化等减碳技术和缓释肥、长效肥、硝化抑制剂等新型肥料；在降低农用能源消耗方面，可以考虑增加对绿色环保农业机械的补贴力度，支持农机合作社的发展。

（2）增加农业公共投资可在一定程度上起到减碳效果，因此，政府可考虑适当地将公共投资向农业节能减排领域倾斜，通过资金和技术支持的方式扶持农业碳减排项目。鉴于生物质能源和保护性耕作技术具有替代化石能源、减少碳排放和增加碳汇等功能，从而发挥双重减排作用，因此可考虑重点围绕生物能源利用和保护性耕作技术推广增加投资。除公共投资外，也可考虑引导农业市场主体利用国内外碳市场的资金和技术，如清洁发展机制（CDM）、芝加哥气候交易所（CCX）等农业碳减排项目促进中国农业节能减排和低碳发展。

# 第二节　农户低碳生产行为的综合评价

低碳农业是低碳经济在农业中的体现形式。为应对气候变化和保障能源安全，推进节能减排固碳，实现可持续发展，农业必然要向低碳方向转型。过去三十多年，中国的农业生产发生了较大变化，现代机械、能源、生物技术等科技手段在农业中广泛应用，专业大户、家庭农场、农民合作社等新型农业经营主体不断涌现。但是，家庭经营的小型农户仍然是农业生产的主体。这就使得中国农业产业的低碳发展必须依靠众多小农户的参与。因此，为实现宏观层面上的农业低碳发展，必须提高微观农户生产行为的低碳化程度，促使广大农户从事低碳生产。由于低碳生产方式是一种新型的农业生产方式和发展理念，人们对其不甚了解，而对于农户层次的低碳生产行为更是如此。因此，针对微观农户的农业生产过程构建低碳生产行为评价指标体系，并对不同生产方式下农户生产行为的低碳化程度进行评价，有助于引导农户认识、掌握、采用低碳生产方法、技术和经营模式，提高农户生产行为低碳化程度，促进农业生产向低碳方向发展。

目前关于低碳农业综合评价的研究主要集中在宏观层面，侧重低碳农业发展水平或低碳农业效益评价。例如，骆旭添等（2011）以闽北地区为例，从经济效益、社会效益、生态效益三个方面构建了低碳农业效益评价体系，结果表明，该地区取得了良好的综合效益；谢淑娟等（2013）从农业生产要素产出效率、农业生产方式低碳化水平、能源利用低碳化水平、农业碳汇效应四个维度构建指标体系，并对广东省进行了评价，结果显示，2006~2010年广东省低碳农业发展水平处于从较高碳向中碳迈进的阶段；钟婷婷等（2014）从农业生产要素投入水平、经济发展水平、能源利用低碳化水平和社会投入水平四个方面构建了省域低碳农业水平评价指标体系，结果显示，海南、北京、上海等省（市）域的低碳农业发展水平较高，湖北、甘肃、江西等省域的低碳农业发展水平较低；陈瑾瑜和张文秀（2015）从社会发展、经济发展、农业减排、环境安全四个方面构建了低碳农业综合评价指标体系，并以四川为例进行了评价，结果发现，四川省低碳农业从2002年起得到了快速发展，整体水平高于全国。此外，众多学者研究了循环农业等可持续发展模式的综合评价。例如，李波等（2008）从经济与社会发展、资源减量投入、资源循环利用、资源环境安全四个方面构建出湖北省循环农业发展的评价指标体系；韩玉等（2013）梳理了近年来中国循环农业评价研究的概况，将其划分为国家/区域层面和园区/企业层面两类。然而，关于微观层面的农户低碳生产行为综合评价指标体系的研究还鲜有文献发表。学者们多采用单项指标代表农户低碳生产行为，如侯博和应瑞瑶（2015）以主动参加低碳生产培训和采用沼气池技术、田云等（2015）以低于或按照标准施用化肥和使用农药、杨红娟和徐梦菲（2015）以碳排量低于平均值作为低碳生产行为，缺少多层次多维度的综合评价。因此，有必要构建合理有效的农户低碳生产行为综合评价指标体系，从而科学评价农户生产行为的低碳化程度，促进我国农业生产方式向低碳转型。

本节基于低碳农业的内涵、特征及我国农业生产基本国情和碳源碳汇现状，借鉴宏观层面的低碳农业发展水平等相关评价指标以及循环农业、生态农业、有机农业等其他较成熟的农业可持续发展模式的评价体系，采用层次分析法和生命周期评价法相结合的方法构建种植业农户低碳生产行为评价指标体系和确定指标权重，并按照综合评价指数划分为5个低碳化程度等级。在此基础上，以辽宁省辽中县水稻种植户为例评价了农户生产行为低碳化程度，以实现低碳农业综合评价由定性分析向定量分析、由宏观视角向微观视角的转变，从而为我国今后制定和实施更有精准性的低碳农业发展政策、更好地实现国家低碳农业战略提供依据。

# 一、农户低碳生产行为评价指标体系构建思路

低碳经济的主要特征是低能耗、低排放和低污染。对农业而言，除能源消耗和碳排放水平低外，低碳农业还应是一种生态高值农业模式。因此，农户低碳生产行为评价指标的选取不仅应考虑能源资源低消耗和温室气体低排放，还应考虑生态环境友好化和经济效益高值化。据此，选取评价指标时，首先应该从生命周期角度确定碳排放指标，即原料和燃料碳排放—生产过程碳排放—废弃物处理碳排放；其次应从生态环保角度选取反映农业生态效应的指标；最后从经济效益角度选取反映农业生产效益的指标。

综合上述分析，构建农户低碳生产行为评价指标体系的总体思路应该包括以下三方面：

一是综合考虑碳排放、生态效应和经济效益等多个角度。与传统农业发展模式相比，低碳农业的最显著特点是强调在农业生产经营过程中排放最少的温室气体，实现生态与经济的协调统一和可持续发展。因此，评价指标体系应该涵盖碳排放、生态效应和经济效益等多个方面。

二是根据各准则层的特点选取具体指标和确定权重。碳排放准则层只考虑能源和化学品等生产要素引起的碳排放，具体指标选取农用化学品和能源消耗量。由于每种碳源都有相应的碳排系数，碳排量可由碳源数量和碳排系数准确计算，因此该准则层各指标权重是确定的，可以根据碳排系数计算得到。其余两个准则层指标的选取，主要从农业可持续发展和碳汇角度选取生态效应准则层的指标，从生产要素产出效率角度选取经济效益准则层的指标，其指标权重的确定可通过层次分析法、德尔菲法等。

三是投入指标与产出指标结合使用。在选取评价指标时，既应考虑投入角度的低碳化水平，如农业生产中用电力替代柴油，也应考虑产出角度的低碳化水平，如提高碳生产率；既应考虑碳排总量，也应考虑经营规模，避免专业大户因经营规模大、碳排总量大而造成"高碳"假象；既应涵盖影响碳排放水平的指标，如化肥施用强度，也应涵盖影响农田可持续利用和碳汇水平的指标，如有机肥施用强度、秸秆利用率等。

# 二、农户低碳生产行为综合评价的方法

## 1. 评价指标的选取

依据上述评价指标体系构建的基本思路，结合我国农业生产的基本国情，本节构建了一个农户低碳生产行为评价指标体系（见表3-5）。该评价指标体系包含3大类指标和13个二级指标，共分为3个层次：第一层为目标层，即农户低碳生产行为综合评价的结果，从整体上反映一个农户生产行为的低碳化程度，通过准则层各项综合指标体现出来；第二层为准则层，包括农业生产要素碳排放、生态效应和经济效益3个子系统，分别由指标层各二级指标反映其运行状态和发展趋势；第三层为指标层。由于单个农户在种植业尤其是粮食生产中使用的农药和农膜数量相对比较少且不易准确量化，因此本节未将其纳入评价指标体系，即生产要素碳排放中的农用化学品碳排放只考虑化肥。

表 3-5　农户低碳生产行为评价指标体系

| 准则层 | 指标层 | 指标符号 | 指标释义 | 指标方向 |
|---|---|---|---|---|
| 生产要素碳排放（B₁） | 氮肥施用强度（kg/hm²） | $C_{11}$ | 氮肥施用折纯量/播种面积 | 负 |
| | 磷肥施用强度（kg/hm²） | $C_{12}$ | 磷肥施用折纯量/播种面积 | 负 |
| | 钾肥施用强度（kg/hm²） | $C_{13}$ | 钾肥施用折纯量/播种面积 | 负 |
| | 单位面积柴油消耗量（kg/hm²） | $C_{14}$ | 柴油消耗量/播种面积 | 负 |
| | 单位面积汽油消耗量（kg/hm²） | $C_{15}$ | 汽油消耗量/播种面积 | 负 |
| | 单位面积电力消耗量（kW.h/hm²） | $C_{16}$ | 电力消耗量/播种面积 | 负 |
| 生态效应（B₂） | 秸秆利用率（%） | $C_{21}$ | 秸秆利用量/秸秆总产量 | 正 |
| | 有机肥施用强度（t/hm²） | $C_{22}$ | 有机肥施用量/播种面积 | 正 |
| | 农膜回收率（%） | $C_{23}$ | 农膜回收量/农膜使用量 | 正 |
| 经济效益（B₃） | 土地生产率（元/hm²） | $C_{31}$ | 主产品收益/播种面积 | 正 |
| | 劳动生产率（元/人） | $C_{32}$ | 主产品收益/务农人数 | 正 |
| | 碳生产率（元/kgCO₂e） | $C_{33}$ | 主产品收益/碳排放量 | 正 |
| | 成本收益率（%） | $C_{34}$ | 主产品收益/成本费用 | 正 |

## 2. 生产要素碳排放参数

考虑到数据获取等问题，本节将生产要素碳排放限定为化肥和能源引起的碳排放。农户在农业生产过程中消耗的能源主要是柴油、汽油和电力。通常而言，机械耕整、种植和大型机械收割使用柴油，小型机械收割使用汽油，人工灌溉使用电力或柴油。

根据 IPCC 2006 年的指南，水田 $N_2O$ 的排放系数为 $0.0047kgN_2O/kgN$；柴油的碳排系数为 $3.16kgCO_2/kg$（或 $2.65kgCO_2/L$），汽油的碳排系数为 $3.01kgCO_2/kg$（或 $2.17kgCO_2/L$），电力的碳排系数为 $0.80kgCO_2/kW·h$。根据 West 和 Marland（2002）的研究，化肥隐含 $CO_2$ 排放系数为：氮肥（N）$3.1kgCO_2/kg$，磷肥（$P_2O_5$）$0.61kgCO_2/kg$，钾肥（$K_2O$）$0.44kgCO_2/kg$。利用全球增温潜势（GWP）将各种温室气体统一折算为二氧化碳当量（$CO_2e$）进行度量，其中 $GWPCO_2 = 1$、$GWPN_2O = 298$。综合考虑 $N_2O$ 和隐含碳排放，氮肥的碳排系数为 $4.50kgCO_2e/kg$，磷肥和钾肥的碳排系数分别为 $0.61kgCO_2e/kg$ 和 $0.44kgCO_2e/kg$。

## 3. 指标权重的确定

农户低碳生产行为评价指标体系中各指标的内涵不同，其对评价结果的影响也不一样，需根据各指标的重要性程度确定权重值的大小。其中，生产要素碳排放量可以直接准确计量，即评价指标体系中准则层 $B_1$ 的各二级指标权重值可准确测算，通过相应的碳排系数适当进行变换。而一级指标权重及 $B_2$ 和 $B_3$ 的二级指标权重难以直接准确计量。此时，适合采用层次分析法这种定性与定量分析相结合的多目标决策分析方法。本节将分别基于层次分析法和碳足迹核算的生命周期评价法确定各指标权重。

采用两两比较的层次分析法确定准则层以及生态效应、经济效益两个准则层下辖二级指标的权重。以上一层指标为准则，比较两指标的相对重要性，整理成判断矩阵。根据各判断矩阵进行各层次的单排序计算以及一致性检验，继而进行总排序计算以及一致性检验。

农户低碳生产行为评价指标体系的一级指标包括生产要素碳排放、生态效应和经济效益。本节构建的综合评价体系的一级判断矩阵如表 3-6 所示，生态效应准则层的二级判断矩阵如表 3-7 所示，经济效益准则层的二级判断矩阵如表 3-8 所示。

根据氮肥、磷肥、钾肥、柴油、汽油和电力的碳排系数得到生产要素碳排放各二级指标的相对权重分别为 0.3594、0.0487、0.0352、0.2524、

表3-6 农户低碳生产行为综合评价的一级判断矩阵

| 准则层 | 生产要素碳排放（B₁） | 生态效应（B₂） | 经济效益（B₃） | 权重（W） |
|---|---|---|---|---|
| B₁ | 1 | 2 | 1 | 0.4000 |
| B₂ | 1/2 | 1 | 1/2 | 0.2000 |
| B₃ | 1 | 2 | 1 | 0.4000 |

表3-7 生态效应准则层的二级判断矩阵

| 生态效应指标 | 秸秆利用率（C₂₁） | 有机肥施用强度（C₂₂） | 农膜回收率（C₂₃） | 相对权重 | 绝对权重 |
|---|---|---|---|---|---|
| C₂₁ | 1 | 2 | 3 | 0.5396 | 0.1079 |
| C₂₂ | 1/2 | 1 | 2 | 0.2969 | 0.0594 |
| C₂₃ | 1/3 | 1/2 | 1 | 0.1635 | 0.0327 |

表3-8 经济效益准则层的二级判断矩阵

| 经济效益指标 | 土地生产率（C₃₁） | 劳动生产率（C₃₂） | 碳生产率（C₃₃） | 成本收益率（C₃₄） | 相对权重 | 绝对权重 |
|---|---|---|---|---|---|---|
| C₃₁ | 1 | 2 | 1/2 | 3 | 0.2719 | 0.1088 |
| C₃₂ | 1/2 | 1 | 1/3 | 2 | 0.1570 | 0.0628 |
| C₃₃ | 2 | 3 | 1 | 5 | 0.4829 | 0.1931 |
| C₃₄ | 1/3 | 1/2 | 1/5 | 1 | 0.0882 | 0.0353 |

0.2404 和 0.0639，绝对权重分别为 0.1438、0.0195、0.0141、0.1010、0.0961 和 0.0255。

构建的农户低碳生产行为评价指标体系中，碳生产率（C₃₃）的绝对权重最高，即碳生产率对于农户低碳生产行为评价的影响是最大的，权重占到了 0.1931；其次是氮肥施用强度（C₁₁）、土地生产率（C₃₁）和秸秆利用率（C₂₁），权重分别达到 0.1438、0.1088 和 0.1079。

由此可以得出如下判断：提高农户生产行为的低碳化程度应当尤其重视提高其碳生产率、土地生产率和秸秆利用率，降低其氮肥施用强度，而这些方面是目前各地农户普遍需要加强的。对于广大种植业农户来说，只有提高碳生产率和土地生产率，降低氮肥施用强度和有效利用农作物秸秆，才有可能达到较高的低碳化程度，才可以称得上是低碳生产行为。

4. 指标数据的标准化处理与综合合成

由于农户低碳生产行为各评价指标的含义不同、量纲各异、数值范围的差别也很大，因此原始数据之间缺乏可比性。需要对原始数据进行标准化处理，消除不同指标量纲之间的差异，使各指标具有一定的可比性。

评价指标可分为两类：一是对农户低碳生产行为有正向影响的指标，该类指标数值越大，表明农户生产行为的低碳化程度越高；二是对农户低碳生产行为有负向影响的指标，该类指标数值越小，表明农户生产行为低碳化程度越高。

本节参考陈瑾瑜和张文秀（2015）、辛岭和王济民（2014）的研究，针对上述两类指标，将原始数据进行如下处理：

$$Z_k = \frac{X_k - X_{min}}{X_{max} - X_{min}} \quad \text{（当 } X_k \text{ 起正向作用时）} \tag{3-6}$$

$$Z_k = \frac{X_{max} - X_k}{X_{max} - X_{min}} \quad \text{（当 } X_k \text{ 起负向作用时）} \tag{3-7}$$

其中，$Z_k$ 为第 $k$ 个样本某项指标的标准化值，$X_k$ 为第 $k$ 个样本某项指标的原始值；$X_{max}$ 为某项指标的最大值，$X_{min}$ 为某项指标的最小值。

在设计出农户低碳生产行为评价指标体系并确定其指标权重后，构建农户生产行为低碳化程度的综合评价模型组。该评价模型组包括农户生产行为低碳化程度综合评价总模型（A）以及 3 个子系统模型，分别为生产要素碳排放子系统模型 $B_1$、生态效应子系统模型 $B_2$ 和经济效益子系统模型 $B_3$。参照辛岭和王济民（2014）关于农业现代化发展水平综合评价模型的表达方式，本节将农户生产行为低碳化程度的综合评价模型组表示为如下形式：

$$A = \sum_{i=1}^{n} W_i B_i \tag{3-8}$$

$$B_i = \sum_{j=1}^{m} W_{ij} Z_{ij} \tag{3-9}$$

其中，A 为任一农户生产行为低碳化程度综合指数；$W_i$ 为准则层指标的权重，$B_i$ 为准则层指数，n 为准则层指标个数；$W_{ij}$ 为指标层指标的相对权重，$Z_{ij}$ 为指标层指标的标准化值，m 为指标层指标个数。

5. 农户生产行为低碳化程度的衡量标准

本节借鉴谢淑娟等（2013）设定的低碳农业发展水平等级评价标准，结合调查区域的实际情况和样本户的特征，界定综合评价指数在 0.8 及以上为较强低碳、0.6~0.8 为近低碳、0.4~0.6 为中碳、0.2~0.4 为较高碳、0.2 以下为高碳。同样采用这一衡量标准划分准则层和指标层的等级。

依据准则层指数评价农户生产行为各项子系统的低碳化程度，同时准则层指数也作为评价农户生产行为低碳化综合程度的参考依据。本节按上述综合评价指数的等级划分标准将准则层指数也划分为较强低碳、近低碳、中碳、较高碳和高碳 5 个等级。如果某项准则层指数为较强低碳或近低碳，则可认为该项子系统低碳化程度较高。单项指标的评价和比较也采用上述标准，根据指标的标准化值划分为 5 个等级。

如果综合评价指数为较强低碳或近低碳，并且各准则层指数均达到中碳及以上等级，则可视为比较全面的（近）低碳生产。如果综合评价指数为较强低碳或近低碳，但是存在较高碳或高碳的准则层，则视为不全面或存在短板的（近）低碳生产。如果综合评价指数为中碳，并且各准则层指数均为中碳及以上，则视为发展程度较高的中碳生产。

# 三、农户低碳生产行为综合评价的实证分析

1. 数据来源与指标特征

（1）数据来源。本部分数据来源于 2012 年 5 月对辽宁省辽中县稻农的抽样调查。辽宁省辽中县是全国粮食生产基地县，其中种植面积最大的农作物是水稻。本次调查使用问卷法，采用分层随机抽样，首先根据经济状况和农民人均纯收入抽取 3 个乡镇，其次根据距离乡镇驻地的远近在每个乡镇抽取 1~2 个村，最后考虑村庄人口规模和务农人口规模在每个村随机抽取了 10~30 户。调查共获得 118 份问卷，经过数据筛选、审核和整理，用于本部分研究的水稻种植户为 108 户，有效样本率为 91.53%。

（2）指标特征。样本户的氮肥、磷肥、钾肥施用强度平均值分别为 160.55kg/hm²、83.59kg/hm²、112.86kg/hm²，最大值分别为 327.75kg/hm²、120.00kg/hm²、227.25kg/hm²，最小值分别为 75.75kg/hm²、31.50kg/hm²、33.75kg/hm²。样本户水稻生产中，机械耕整、种植、大型机械收割和柴油灌溉使用的是柴油，小型机械收割消耗汽油，部分农户在电力灌溉中使用

电力。调查区主要是雇佣机械进行农机作业，单位面积能耗量相对固定；人工灌溉可分为集体灌溉和分户灌溉，能耗量有所变化，但户间差距不大。参考王珊珊和张广胜（2013）的研究，农机作业的能耗量取固定值：机械耕整统一按 60L/hm² 柴油量，即 50.40kg/hm²；机械插秧按 15L/hm² 柴油量，即 12.60kg/hm²；大型机械收割按 30L/hm² 柴油量，即 25.20kg/hm²；小型机械收割按 15L/hm² 汽油量，即 10.80kg/hm²；人工灌溉能耗量取样本户的平均值：灌溉一季水稻统一按 225L/hm² 柴油量，即 189kg/hm²；电力灌溉的消耗量按 900kW·h/hm² 电力。计算可得，样本户单位面积柴油消耗量的平均值为 163.22kg/hm²，最大值为 277.20kg/hm²，最小值为 50.40kg/hm²；单位面积汽油和电力消耗量的平均值分别为 3.20kg/hm² 和 433.33kW·h/hm²。

样本户的秸秆处理方式主要包括丢弃、露天焚烧、做燃料、做饲料、秸秆还田、编织草帘和出售 7 种。丢弃和露天焚烧为零利用，生态化利用系数取 0；做燃料是一种传统利用方式，生态化程度较低，生态化利用系数取 0.5；做饲料、秸秆还田、编织草帘和出售 4 种利用方式的生态化程度较高，生态化利用系数取 1。计算可得，样本户的秸秆利用率平均值为 65.49%，最大值为 100%，最小值为 0。由于样本户施用有机肥的种类、计量单位等各不相同，因此本部分用是否施用有机肥代替有机肥施用强度指标。施用有机肥则该项指标为 1，否则为 0。调查中，施用有机肥的农户有 38 户，其中 37 户施用农家肥、1 户施用商品有机肥，未施用的有 70 户，有机肥施用比例为 35.19%。水稻生产主要在育秧环节使用农膜。样本户在育秧过程中使用地膜，一般反复使用 3~4 年。考虑到部分农户采用全程机械化服务，自家不直接育秧，而自家育秧农户均反复使用地膜，因此本节农膜回收率指标均取 1。

经济效益指标中，样本户水稻单产平均值为 8695.83kg/hm²，销售价格平均值为 2.82 元/kg，单位面积主产品经济收益即土地生产率平均值为 24524.5 元/hm²，最大值和最小值分别为 33750.00 元/hm² 和 18000.00 元/hm²。水稻种植面积平均值为 1.77hm²，主产品总收益平均值为 43535.22 元，务农人数平均值为 2.39 人，单位务农人员主产品经济收益即劳动生产率平均值为 19598.83 元/人，最大值和最小值分别为 162000 元/人和 1260 元/人。能源和化肥引起的碳密度平均值为 1695.29kgCO$_2$e/hm²，单位碳排放量生产的主产品经济收益即碳生产率的平均值为 14.81 元/kgCO$_2$e，最大值和最小值分别为 22.28 元/kgCO$_2$e 和 8.96 元/kgCO$_2$e。化肥费用的平均值为

2504.44 元/hm²，农药和种子费用的平均值为 1075.00 元/hm²，机械和雇工费用的平均值为 4403.47 元/hm²；好地的租地成本平均值为 9275.00 元/hm²，中等地和差地的租地成本平均值为 6547.06 元/hm²。物质、土地、农机服务与雇工费用合计的平均值为 15608.47 元/hm²；成本收益率的平均值为 159.65%，最大值和最小值分别为 291.40% 和 93.39%。

2. 农户低碳生产行为综合评价结果与分析

（1）综合评价指数和准则层指数的评价。样本户的低碳生产行为综合评价指数的平均值为 0.5166，最大值和最小值分别为 0.7764 和 0.2657（见表 3-9）。从综合评价指数看，样本户的水稻种植生产行为总体上处于中碳水平。

**表 3-9　综合评价指数和准则层指数的统计特征**

| 评价指数 | 均值 | 最大值 | 最小值 | 标准差 | 离散系数 |
|---|---|---|---|---|---|
| 综合评价指数 | 0.5166 | 0.7764 | 0.2657 | 0.0943 | 0.1825 |
| 生产要素碳排放指数 | 0.6084 | 0.8779 | 0.2050 | 0.1601 | 0.2631 |
| 生态效应指数 | 0.6213 | 1.0000 | 0.1635 | 0.2278 | 0.3666 |
| 经济效益指数 | 0.3723 | 0.7592 | 0.0154 | 0.1365 | 0.3667 |

从准则层指数的平均值来看，生产要素碳排放准则层指数较高，经济效益准则层指数较低。生产要素碳排放准则层指数的平均值为 0.6084，处于近低碳区间，乘以权重后为 0.2434，最大值和最小值分别为 0.8779 和 0.2050；生态效应准则层指数的平均值为 0.6213，处于近低碳区间，乘以权重后为 0.1243，最大值和最小值分别为 1.0000 和 0.1635；经济效益准则层指数的平均值为 0.3723，处于较高碳区间，乘以权重后为 0.1489，最大值和最小值分别为 0.7592 和 0.0154。

从各项评价指数分布的离散程度来看，综合评价指数和生产要素碳排放指数分布比较集中，生态效应和经济效益指数分布相对离散。其中，综合评价指数的离散系数为 0.1825，生产要素碳排放指数的离散系数为 0.2631，生态效应和经济效益指数的离散系数分别为 0.3666 和 0.3667。

（2）综合评价指数和准则层指数的分布。从综合评价指数的分布来看，21 户农户的低碳生产行为综合评价指数在 0.6~0.8（见表 3-10），即 19.44% 的农户为近低碳；其中，19 户农户的各项准则层指数均在中碳及以上，即较全面的近低碳生产。77 户在 0.4~0.6，即 71.30% 的农户为中碳；其中，20 户农户的各项准则层指数均在中碳及以上，即发展程度较高的中碳生产。10 户在 0.2~0.4，即 9.26% 的农户为较高碳。这一结果比较符合当前我国的农业生产实际。

表 3-10　综合评价指数和准则层指数的分布

| 评价指数 | 综合评价指数 | | 生产要素碳排放 | | 生态效应 | | 经济效益 | |
|---|---|---|---|---|---|---|---|---|
| | 户数（户） | 比例（%） | 户数（户） | 比例（%） | 户数（户） | 比例（%） | 户数（户） | 比例（%） |
| [0, 0.2) | 0 | 0 | 0 | 0 | 3 | 2.78 | 10 | 9.26 |
| [0.2, 0.4) | 10 | 9.26 | 11 | 10.19 | 10 | 9.26 | 53 | 49.07 |
| [0.4, 0.6) | 77 | 71.30 | 41 | 37.96 | 38 | 35.18 | 39 | 36.11 |
| [0.6, 0.8) | 21 | 19.44 | 39 | 36.11 | 38 | 35.18 | 6 | 5.56 |
| [0.8, 1) | 0 | 0 | 17 | 15.74 | 19 | 17.60 | 0 | 0 |
| 合计 | 108 | 100 | 108 | 100 | 108 | 100 | 108 | 100 |

从准则层指数的分布来看，样本户生产要素碳排放和生态效应指数主要处在近低碳和中碳区间，经济效益指数主要处在较高碳和中碳区间。17 户农户生产要素碳排放指数在 0.8 及以上，39 户在 0.6~0.8，41 户在 0.4~0.6，11 户在 0.2~0.4，即生产要素碳排放指数处在较强低碳、近低碳、中碳和较高碳的农户比例分别为 15.74%、36.11%、37.96% 和 10.19%。19 户农户的生态效应指数在 0.8 及以上，38 户在 0.6~0.8，38 户在 0.4~0.6，10 户在 0.2~0.4，3 户低于 0.2，即生态效应指数处在较强低碳、近低碳、中碳、较高碳和高碳的农户比例分别为 17.60%、35.18%、35.18%、9.26% 和 2.78%。6 户农户经济效益指数在 0.6~0.8，39 户在 0.4~0.6，53 户介于 0.2~0.4，10 户低于 0.2，即经济效益处在近低碳、中碳、较高碳和高碳的农户比例分别为 5.56%、36.11%、49.07% 和 9.26%。

从指标层指标的标准化值来看，单位面积汽油消耗量、氮肥施用强度和秸秆利用率的平均值处在近低碳区间，其值分别为 0.7037、0.6635 和 0.6549；钾肥施用强度、单位面积电力消耗量、单位面积柴油消耗量、碳生产率、土地生产率和磷肥施用强度的平均值处在中碳区间，其值分别为 0.5911、0.5185、0.5026、0.4395、0.4143 和 0.4115；有机肥施用率和成本收益率的平均值处在较高碳区间，其值分别为 0.3519 和 0.3347；样本户劳动生产率指标的标准化值平均为 0.1141，处在高碳区间。

## 四、结论与启示

### 1. 主要结论

碳生产率是评价农户低碳生产行为最重要的指标。为提高农户生产行为低碳化程度，首先应提高碳生产率。对于种植业而言，氮肥施用强度、土地生产率和秸秆利用率也是十分重要的评价指标。这 4 项指标在农户低碳生产行为综合评价指标体系中的权重份额超过 55%。

当前的种植业中，中碳生产占据主体地位。样本户低碳生产行为综合评价指数的平均值为 0.5166，即种植业农户生产行为总体上处在中碳水平。70% 左右的农户低碳生产行为综合评价指数在 0.4~0.6，即中碳，另有约 20% 的农户达到了近低碳水平，其余约 10% 的农户为较高碳。种植业农户低碳生产行为的相对薄弱环节在于经济效益和生态效应。劳动生产率、成本收益率等经济效益指标得分较低，表明生产要素使用效率有待提高；秸秆利用率、有机肥施用率等生态效应指标得分也不高，尤其是有机肥施用率仅为 35.19%，说明资源环境可持续利用方面也有待加强。

受研究范围和样本数据等限制，还存在如下需要进一步讨论的问题。第一，本指标体系是针对种植业生产过程构建的，可用于评价种植业农户生产行为的低碳化程度。畜牧业生产过程与种植业差距较大，不适于采用该指标体系，需设计一套专门的评价指标体系用于评价畜牧业农户低碳生产行为，这项工作有待更多的学者关注和研究。第二，作为一种新型农业发展模式，低碳农业目前尚未在任何一个国家得到完全实现，因此本节构建的农户低碳生产行为评价指标体系只是对农户生产行为低碳化程度评价的一种探索。在评价指标的选取、指标权重的确定、数据的标准化处理、指标值的综合合成等方面是否科学、合理，还有待进一步检验。

### 2. 政策启示

第一，提高农户生产行为低碳化程度，必须着力提高农业生产要素的使用效率和经济效益，包括碳生产率、劳动生产率、土地生产率和成本收益率等，实现节本增效、提质增效。从提高单位生产要素经济效益角度安排农业生产，一方面节约使用能源资源，降低生产要素碳排放；另一方面提高产出水平和产品质量，增加农业收入。

第二，促进农业废弃物资源化利用，提高农业生产的生态效应。一方面应探索经济便捷的农作物秸秆综合利用技术，有效利用农作物秸秆等农业废弃物；另一方面建立种植户与养殖户、种植户与加工企业等经济主体之间的利益联结和合作关系，借助于社会网络促进农作物秸秆、畜禽粪便等种养业废弃物的资源化和生态化利用。

# 第三节　非农就业对农户碳排放行为的影响

改革开放以来，农民收入总量迅速增长，收入结构也在发生变化。改革初期，农业生产是农民收入的主要来源。自 20 世纪 80 年代中后期以来，一方面农村富余劳动力进城务工经商，另一方面农村非农产业快速发展，农民获得非农就业机会，其非农收入增多；90 年代中期农民收入结构发生了重大变化，这一时期农民收入的增长几乎完全依靠非农收入。2010 年，农民非农收入达到农业收入的 1.36 倍；2016 年，农民非农收入进一步达到农业收入的 1.99 倍。

农村非农产业的发展以及农村劳动力向城市流动增加了农民的非农就业机会，促进了兼业经营和农地流转。相应地，农户的化肥施用、能源消耗等农业碳排放行为随之发生变化。一种观点认为，非农就业提高了农户从事农业生产的机会成本，农户倾向依靠农业机械和农用化学品减轻劳动强度和增加单产，因此非农就业背景下，农户的柴油、电力等能源消耗和化肥、农药等农用化学品使用将增加，即非农就业将导致高碳生产。另一种观点则认为，非农就业将会促进农户的低碳生产行为，理由是如果非农就业机会增多、非农收入与农业收入差距扩大，则农户从事农业生产的积极性就会降低，这将减少其能源消耗量和农用化学品使用量，从而在客观上促进了低碳生产。总体上，研究非农就业对农户农业碳排放行为影响的文献较少，而研究非农就业影响农户化肥投入的文献较多。化肥施用是农户农业碳排放的主要来源，学者们大多认为非农就业将减少农户的农业劳动时间，从而依靠增加化肥投入来替代劳动投入，同时，非农就业增加的现金收入也会促使农户增加化肥投入；进一步看，不同兼业类型农户[①]的化肥投入不同，Ⅰ兼农户的地均化肥施用量最大，倾向于通过增加化肥投入实现增产增收，纯农户次之，Ⅱ兼农户的化肥投入最少。也有研究认为，非农就业对农户化肥投入有负向影响，非农收入增多将会减少化肥施用量，随着非农就业的深化，农户倾向于减少化肥投入。

那么，非农就业将对农户的农业碳排放行为产生何种影响？影响程度如何？将导致农户的高碳生产行为还是促进农户的低碳生产行为？本节首先从理论上分析了非农就业与农户的农业碳排放行为之间的关系，然后以稻农为例，基于实地调查数据实证分析非农就业对农户农业碳排放行为的影响，以期为农业碳减排理论的深入研究和相关政策制定提供依据。

本节选择辽宁省辽中县作为研究区域。辽中县位于辽宁省中部，处于沈阳经济区范围内，距离省城沈阳52km，区域面积1460km²，耕地面积7.67万hm²。全县辖17个乡镇，184个行政村，总人口53万，农业人口43万，农村劳动力非农就业比较普遍。境内地势平坦，土质肥沃，适宜水稻、玉米等作物生长，是全国粮食生产基地县，种植面积最大的作物为水稻。

# 一、非农就业影响农户碳排放行为的理论分析

随着劳动力的流动和农村非农产业的发展，获得非农就业机会的农户根据家庭初始土地规模、家庭劳动者的劳动能力等确定是否流转土地：一部分农户转出土地，另一部分从事兼业经营。首先，非农就业改变了农户类型，非农就业类型直接影响农业投入行为；其次，非农就业推动农地流转，间接影响农业投入行为。农业投入决定农业碳排放。因此，非农就业对农户农业碳排放行为的影响包括兼业的影响和农地流转导致的间接影响。

兼业对农户的农业投入行为具有"兼业效应"和"收入效应"，"兼业效应"直接影响农户农业投入行为，"收入效应"通过提高农户收入间接

---

[①] 农户类型的划分采用第一次全国农业普查的口径：家庭从业人员主要从事农业的为纯农户，少量从事非农业但收入不超过家庭总收入10%的农户也归为纯农户。非农收入超过家庭总收入的10%但小于50%的兼业农户为Ⅰ兼户，非农收入超过家庭总收入50%的兼业农户为Ⅱ兼户。

影响其农业投入行为。"兼业效应"可分解为农业投入总量减少效应和农业投入结构调整效应。农业投入总量减少效应促使农户粗放经营，减少各种农业要素投入，包括化肥和农机服务，由此客观上促进了农户的低碳生产行为。农业投入结构调整效应造成农业生产中资本对劳动的替代，在劳动力从农业转向劳动收益较高的非农业的同时，使用化肥替代农家肥或依靠农机作业替代人力劳作。此外，兼业增加了农户的现金收入，使其更有经济能力购买和使用化肥、农机等高碳农业要素，即兼业的"收入效应"。兼业对农户农业碳排放行为的影响是"兼业效应"和"收入效应"综合作用的结果。

非农就业通过对农地流转的影响而间接影响农户的农业碳排放行为。农地流转改变了农户的耕地面积和块数，有利于提高农户的农地经营规模和地块集中程度。同等面积下地块集中程度高的农户在合理确定化肥施用量以及农机作业等方面更有优势，土地细碎化降低了平均土地综合产出率。转入农地扩大经营规模的农户一般机械化程度较高，对单产的要求也比较高，因而使用较多的能源和化肥等高碳农业要素。在以单位面积农业碳排放量，即碳密度衡量农户的农业碳排放程度时，规模扩大将提高碳密度。但在以单位农产品碳排放量即以碳成本衡量农户的农业碳排放程度时，如果规模扩大对单产的提高幅度大于高碳农业要素增加对碳密度的提高幅度，规模扩大将降低碳成本。

综上所述，非农就业对农户农业碳排放行为的影响是多重的，既包括兼业的"兼业效应"和"收入效应"，又包括非农就业和农地流转导致的间接影响。基于此，本节提出如下假说：非农就业背景下，兼业将导致农户的高碳生产行为，提高地块集中程度和减小土地细碎化将会促进农户的低碳生产行为；扩大经营规模将提高农业碳密度，但考虑规模经济对单产的影响，扩大经营规模有利于降低农业碳成本。

## 二、研究方法

### 1. 模型方法

本节将稻农的农业碳排放行为划分为低碳、中碳、高碳 3 个递进的层次，分别用 1、2、3 表示。对于有序的离散被解释变量应该采用排序选择模型，排序选择模型一般包括 Ordered Probit 模型和 Ordered Logit 模型，前者假设随机扰动项服从正态分布，后者假设为逻辑分布。本研究采用 Ordered Probit 模型。

在排序选择模型中，被解释变量表示排序结果，其取值为整数，本节分别用 1、2、3 表示低碳、中碳、高碳 3 种农业碳排放行为方式。解释变量是可能影响被解释变量排序结果的各种因素，本节具体指影响稻农农业碳排放行为低碳、中碳、高碳程度的因素。

Ordered Probit 模型的一般形式为：

$$y^* = \beta x + \varepsilon \tag{3-10}$$

其中，$y^*$ 是潜变量，x 是解释变量的集合，$\beta$ 是待估参数，$\varepsilon$ 是随机扰动项，假设其服从正态分布。

被解释变量的选择标准为：

$$y = \begin{cases} 1, & \text{若 } y^* \leqslant r_1 \\ 2, & \text{若 } r_1 < y^* \leqslant r_2 \\ 3, & \text{若 } y^* > r_2 \end{cases} \tag{3-11}$$

其中，$r_1$、$r_2$ 为切点，由模型估计而得。

2. 变量界定

（1）解释变量选取。在理论分析的基础上，本节将影响稻农农业碳排放行为的因素归纳为农户类型、生产经营特征和家庭特征 3 类，用农户类型考察非农就业的直接影响，用生产经营特征考察非农就业的间接影响，家庭特征作为控制变量。由于样本户来自 5 个村，所以设置了 1 个调查点分类变量。除调查点分类变量外，各解释变量的具体设置如表 3-11 所示。

表 3-11　解释变量设置及说明

| 影响因素 | 表征变量 | 类别 | 含义及备注 |
|---|---|---|---|
| 农户类型 | 农户类型 | 定序 | 1 = 纯农户；2 = Ⅰ兼户；3 = Ⅱ兼户 |
| 生产经营特征 | 水稻种植规模 | 定序 | 1 = 小规模；2 = 中规模；3 = 大规模 |
| | 地块集中程度 | 定序 | 1 = 低集中；2 = 中集中；3 = 高集中 |
| | 种植专业化程度 | 定序 | 1 = 低专业化；2 = 中专业化；3 = 高专业化 |
| 家庭特征 | 户主年龄 | 定序 | 1 = 40 岁以下；2 = 40~60 岁；3 = 60 岁以上 |
| | 户主受教育程度 | 定序 | 1 = 小学及以下；2 = 初中；3 = 高中及以上 |

廖西元等（2011）、陈超等（2012）、申云等（2012）以 0.33hm²（或 0.67hm²）、1hm²（或 2hm²）为界将水稻种植规模划分为 3 或 4 类，本节参考上述研究并结合研究区样本稻农的水稻面积分布，以 1hm² 和 2hm² 为界分为小规模、中规模、大规模 3 类，分别指 1hm² 及以下、1~2hm²、2hm² 以上。地块集中程度的划分参考万广华等（1996）、李寅秋等（2011）的研究，用经营 1 块土地表示不存在土地细碎化，即地块高集中；考虑样本稻农的地块数在 3 块以上的较少，故以 2 块为中集中，3 块及以上为低集中。由于样本区种植水稻和玉米两种作物，故按照面积比例将种植专业化程度分为低专业化、中专业化、高专业化，分别指稻玉兼营且水稻面积小于 50%、稻玉兼营且水稻面积占 50% 及以上、只种水稻。

本节选择上述主要解释变量考察非农就业对稻农农业碳排放行为的影响，准备纳入模型的包括表 3-11 中的 6 个解释变量和 1 个调查点分类变量。

（2）被解释变量选取。稻农的农业碳排放行为包括农用化学品使用行为和农业能源消耗行为，虽然水稻种植产生甲烷，但作为一种自然源在一定的自然条件和技术水平下不受个别稻农生产行为的影响。此外，水稻收获后在运输、加工、销售等环节的碳排放也未予考虑。因此，本节所考察的稻农农业碳排放行为限定为农业能源和化肥使用行为，以使用能源和化肥引起的农业碳排放水平高低衡量稻农农业碳排放行为是低碳、高碳抑或中碳。

本节将计量模型的被解释变量设置为稻农农业碳排放行为的类型，分别以 1、2、3 表示低碳、中碳、高碳 3 类农业碳排放行为方式，以其农业碳排放水平高低作为分类依据，为此需要先测度稻农的农业碳排放量。

碳排放量的测度依据张广胜和王珊珊（2014）基于生命周期评价法（LCA）构建的农业碳排放测度体系。所调查的稻农在农业生产中使用的能源包括柴油、汽油和电力；使用柴油的过程包括机械耕整、种植、大型机械收割和柴油灌溉，汽油消耗只存在于小型机械收割中，电力消耗只存在于电力灌溉中。柴油和汽油燃烧产生 $CO_2$，使用电力虽不直接产生碳排放，但在火力发电过程中产生 $CO_2$，属于间接排放。化肥引起的碳排放包括两部分，一部分是农田土壤施用氮肥产生的 $N_2O$，另一部分是生产和运输化肥产生的 $CO_2$，即化肥的隐含碳。

农机作业以雇佣机械为主，单位面积的能源消耗量在一个地区基本不变，因此农机作业的柴油或汽油消耗量可取固定数据：机械耕整的耗油量统一按 60L/hm² 柴油，机械插秧的耗油量按 15L/hm² 柴油，大型机械收割的耗油量按 30L/hm² 柴油，小型机械收割的耗油量按 15L/hm² 汽油。[1] 人工灌溉的柴油或电力消耗量略有变化，但户间差距不大，本节取平均数：灌溉一季水稻的耗油量统一按 225L/hm² 柴油，电力灌溉按 900kW·h/hm² 电力。此处的化肥使用量按实物量的有效成分进行折纯，氮肥、磷肥、钾肥的有效成分分别为 N、$P_2O_5$、$K_2O$。

由于使用化肥引起 $N_2O$ 和 $CO_2$ 两种温室气体排放，因此本节测度的稻农农业碳排放量可以划分为 3 部分：氮肥的 $N_2O$ 排放、化肥隐含 $CO_2$ 和能源 $CO_2$ 排放。根据 IPCC 2006 年的指南，水田 $N_2O$ 排放系数为 $0.0047kgN_2O/kgN$，柴油的 $CO_2$ 排放系数为 $3.16kgCO_2/kg$（或 $2.65kgCO_2/L$），汽油的 $CO_2$ 排放系数为 $3.01kgCO_2/kg$（或 $2.17kgCO_2/L$），电力的 $CO_2$ 排放系数为 $0.80kgCO_2/kW·h$。[2] 根据 West 和 Marland（2002）的研究，化肥隐含 $CO_2$ 的排放系数为：氮肥（N）$3.1kgCO_2/kg$，磷肥（$P_2O_5$）$0.61kgCO_2/kg$，钾肥（$K_2O$）$0.44kgCO_2/kg$。

本节将活动数据设定为单位面积的能源消耗量或化肥使用量，因此计算得到的碳排放量为单位面积上使用能源或化肥产生的碳排放量，即碳密度。计算各部分碳排放量的公式为：

$$T_i = \sum_j \left( E_{ij} \cdot \theta_{ij} \cdot GWP \right) \tag{3-12}$$

其中，$T_i$ 为各部分的碳排放量，单位为 $kgCO_2e/hm^2$。$E_{ij}$ 为各排放源的数量，$\theta_{ij}$ 为各排放源的排放系数。i 表示活动类别，i = 1，2，3，分别表示 $N_2O$ 排放、化肥隐含碳和能源碳排放；j 表示碳排放源类别。GWP 为所排放温室气体的增温潜势，$GWP_{(CO_2)} = 1$，$GWPP_{(N_2O)} = 298$。利用 GWP 折算后的碳排放单位为二氧化碳当量（$CO_2e$）。

稻农种植 1hm² 水稻由于使用能源和化肥产生的碳排放量，即能源和化肥引起的碳密度的计算公式为：

---

[1] 考虑到未计算脱粒和运输等环节的能源消耗量，故本节农机作业的柴油和汽油消耗量赋值偏高，约为实际消耗量的 2 倍，但由于被解释变量为分类变量，因此不影响计量结果。

[2] 根据 IPCC 指南（2006）计算的电力排放系数为 $0.997kgCO_2/kW·h$，由于仅火力发电产生碳排放，故再乘以我国的平均火电系数（约 80%），最终电力排放系数实取 $0.80kgCO_2/kW·h$。

$$T = \sum_{i=1}^{3} T_i \tag{3-13}$$

由碳密度和单产进一步得到碳成本，计算公式为：

$$C = T/P \tag{3-14}$$

其中，C 为生产单位产量水稻由于使用能源和化肥产生的碳排放量，即能源和化肥引起的碳成本，单位为 $kgCO_2e/kg$；T 为单位面积上使用能源和化肥产生的碳排放量，即能源和化肥引起的碳密度，单位为 $kgCO_2e/hm^2$；P 为单位面积水稻产量，单位为 $kg/hm^2$。

目前尚无碳排放量聚类依据方面的文献，碳成本和碳密度是研究农户碳排放行为最重要的两个指标，因此用其衡量稻农的农业碳排放水平，以此区分稻农的农业碳排放行为是低碳、中碳抑或高碳。本节将核算出的碳密度和碳成本进行聚类，以 1、2、3 表示由低到高 3 种水平，分别表示低碳、中碳、高碳 3 类农业碳排放行为方式，以其作为被解释变量。

## 三、结果与分析

### 1. 数据来源与样本描述

（1）数据来源。本节的数据来自 2012 年 5 月对辽宁省辽中县 3 个镇 5 个村稻农的调查。此次调查共获取了 118 份问卷，其中用于分析的稻农数据 108 份，有效样本率为 91.53%。样本户在各村的分布为：西房身村 26 户、寇家村 16 户、许家村 30 户、裴家乡村 26 户和肖北村 10 户，[①] 5 个村样本稻农的平均水稻种植面积分别为 0.84hm²、1.08hm²、1.16hm²、1.22hm² 和 8.59hm²。

（2）样本描述。样本有以下特征：

第一，农户类型与家庭特征。从农户类型看，所调查稻农中的纯农户和 I 兼户分别为 72 户和 24 户，II 兼户为 12 户。户主在 40 岁以下的稻农为 21 户，40~60 岁和 60 岁以上的稻农分别为 72 户和 15 户。户主受教育程度在高中及以上的稻农为 16 户，小学及以下和初中文化程度的稻农分别为 44 户和 48 户。

---

① 由于肖北村大部分土地已转包到种粮大户手中，其余村民专门从事非农业，故只抽取了 10 户稻农。

第二，生产经营特征。样本户种稻面积最多的为 13.33hm²，最少的为 0.13hm²，平均为 1.77hm²。样本户中，小规模稻农为 62 户，中规模和大规模稻农分别为 28 户和 18 户。从经营地块数看，最多的为 6 块，平均为 1.84 块。地块高集中稻农有 57 户，中集中和低集中的分别为 29 户和 22 户。75 户只种水稻，16 户以种稻为主，17 户以种玉米为主。

第三，耕种和收割中的农业机械使用情况。样本户中，耕地和整地已完全实现机械化。种植以人工插秧或抛秧为主，有 7 户采用机械插秧。92 户为机械收割，其中 60 户为收割和脱粒一体的大型机械收割，32 户为只推倒不脱粒的小型机械收割；16 户为人工收割。

第四，灌溉过程中的能源使用情况。调查的所有稻农都进行人工灌溉，不存在旱稻雨育的情况。从灌溉动力看，采用柴油和电力的比例相当，分别为 56 户和 52 户。从灌溉主体看，集体统一灌溉和稻农个人灌溉的分别为 29 户和 79 户。

第五，化肥使用情况。化肥按照有效成分可分为氮肥、磷肥、钾肥和复合肥。调查的所有稻农都使用复合肥，没有稻农单施磷肥，67 户施用氮肥，34 户施用钾肥。使用最普遍的氮肥是尿素和硫酸铵，其次是氯化铵；使用的钾肥有两种，即硫酸钾和氯化钾。从化肥使用量①看，复合肥的平均使用量最大，其次是氮肥。稻农的氮肥平均使用量为 199.31kg/hm²，不同稻农的使用量差异较大。复合肥的平均使用量为 596.46kg/hm²，稻农间差异较小。钾肥的平均使用量为 42.50kg/hm²，不同稻农的使用量差异很大。

2. 实证结果与分析

（1）被解释变量计算结果。根据计算结果，能源碳排放是稻农农业碳排放的最重要来源，具有最大平均值和最小离散程度，平均值为 872.06kgCO₂e/hm²，离散系数为 0.08。N₂O 排放和化肥隐含碳的平均值分别为 224.87kgCO₂e/hm² 和 598.36kgCO₂e/hm²，离散系数分别为 0.38 和 0.31。

进一步计算得到，稻农种稻由能源和化肥引起的碳密度平均为 1695.29kgCO₂e/hm²，离散系数为 0.16。稻农的单产平均值为 8695.83kg/hm²，离散系数为 0.09，表明稻农间单产的差异较小。由碳密度和单产得到碳成本，稻农种稻由能源和化肥引起的碳成本平均为 0.20kgCO₂e/kg，离散系数

---

① 此处的化肥使用量指未按有效成分折纯的实物量。当农户同时使用两种以上氮肥时，此处简单相加。

为 0.18，表明碳成本和碳密度的离散程度相近且均不高。

计算得到碳密度和碳成本的相关系数为 0.85，说明二者具有较强的正线性相关性，因此本节将二者一起作为分类依据。运用快速聚类法依据碳密度和碳成本将稻农分为 3 类；3 类稻农的农业碳排放行为分别为低碳、中碳和高碳，每类稻农分别含 48 户、40 户和 20 户。本节将其分别赋值为1、2、3，作为实证模型的被解释变量。

（2）模型估计结果与分析。由于被解释变量为定序变量，本节采用Ordered Probit 模型。首先判断解释变量的相关关系，计算得到表 3-11 中各解释变量之间的简单相关系数：种植专业化程度与地块集中程度的相关系数为 0.64，与水稻种植规模的相关系数为 0.35，初步判断种植专业化程度可能会引起多重共线性。为克服多重共线性，采用逐步回归法估计模型。

使用 Stata12.0，采用后向逐步回归法估计模型，得到的模型结果如表3-12 所示。

表 3-12　模型估计结果

| 变量 | 系数 | 标准误 | Z 统计量 | P>\|z\| |
| --- | --- | --- | --- | --- |
| 农户类型 * | 0.3131 | 0.1720 | 1.82 | 0.069 |
| 水稻种植规模 *** | 0.4606 | 0.1612 | 2.86 | 0.004 |
| 地块集中程度 ** | −0.3283 | 0.1610 | −2.04 | 0.041 |
| 户主年龄 | 0.2261 | 0.2056 | 1.10 | 0.271 |
| 户主受教育程度 | 0.1961 | 0.1653 | 1.19 | 0.235 |
| 调查点 *** | −0.3848 | 0.1037 | −3.71 | 0.000 |
| Log likelihood = −95.7812；LR chi2（6）= 33.20；Prob. > chi2 = 0.0000；Pseudo $R^2$ = 0.1477 | | | | |

注：***、**、*分别表示在 1%、5%和 10%的统计水平上显著。种植专业化程度的 z 检验不显著（P值为 0.79），排除该变量后 Pseudo $R^2$ 无显著变化，因此最终选用的模型未包括该变量。

计算得到表 3-12 中各解释变量的方差膨胀因子，由于最大的方差膨胀因子为 1.37，远小于 10，故不必担心存在多重共线性。从模型的估计结果看，模型整体拟合程度较好，可以用于分析非农就业对稻农农业碳排放行为的影响。

根据模型结果可以看出：

第一，兼业将促进稻农的高碳生产行为，变量在 10% 的置信水平上显著。随着非农就业机会的增多，农户分化为纯农户、Ⅰ 兼户、Ⅱ 兼户，直至部分农户完全放弃农业生产成为非农户。在仍从事农业的 3 类稻农中，非农就业机会多、非农收入比重大的农户比非农就业机会少、非农收入比重小的农户有更高的碳排放，说明兼业的收入效应和投入结构调整效应之和超过了农业投入总量减少效应，兼业将促进高碳生产。

第二，种植规模是影响稻农农业碳排放行为的重要因素。估计结果显示，在 1% 的置信水平上，规模扩大显著促进了稻农的高碳生产行为。当种植规模扩大时，农户倾向于投入更多的化肥、更普遍地采用农业机械，在以能源和化肥衡量的碳密度测度中具有较高的水平。由于本节中不同规模的稻农在单产水平上没有明显的差异，稻农的农业碳成本和碳密度变化趋势相同，因此，农业碳排放行为分类更多地取决于碳密度。计量结果表明，种植规模扩大对碳密度具有正向影响，对碳成本的影响需要进一步研究。

第三，地块集中程度对稻农的农业碳排放行为具有负向影响。估计结果表明，在 5% 的置信水平上，提高地块集中程度显著促进了稻农的低碳生产行为。能源使用量在一个地区大致相似，经营地块数目多而分散的稻农难以准确地确定化肥施用数量和结构，因而由于不合理的施肥行为造成较高的碳排放。

第四，年龄和受教育程度对稻农的农业碳排放行为具有正向影响，但影响效果不确定。从模型的估计结果看，年龄和受教育程度变量的系数均为正数，说明二者正向影响稻农的农业碳排放行为，但是变量在统计上并不显著。

第五，本节设置了调查点分类变量，分别以肖北村=1、许家村=2、寇家村=3、裴家乡村=4、西房身村=5。该变量在 1% 的置信水平上显著，表明本节中的调查点分布对农户碳排放行为具有显著影响；回归系数为负，说明上述从肖北村到西房身村的村庄排序对农户碳排放程度的影响为负。采用方差分析进一步检验调查点对农户碳排放程度的影响，结果如表 3-13 所示。

从表 3-13 中可以看出，P 值小于 0.01，所以拒绝 5 个村庄碳排放程度都相等的原假设，表明 5 个村庄之间的碳排放程度的差异是显著的；也就是说，有 99% 的把握认为调查点对农户碳排放程度的影响是显著的。

表 3-13　方差分析结果

| 差异源 | 平方和 | 自由度 | 均方 | F 值 | P 值 |
|---|---|---|---|---|---|
| 组间 | 11.575 | 4 | 2.894 | 6.062 | 0.000 |
| 组内 | 49.166 | 103 | 0.477 | | |
| 总计 | 60.741 | 107 | | | |

# 四、结论与启示

1. 主要结论

本节根据辽宁省辽中县水稻种植农户的调查数据，采用 Ordered Probit 模型实证分析了非农就业对稻农农业碳排放行为的影响。主要结论如下：

第一，兼业将会促使农户采取高碳农业生产行为，表现为兼业农户更多地使用化肥和农机作业服务替代人力，即兼业的收入效应和资本对劳动的替代效应作用之和强于对农业依赖程度降低导致的兼业农户粗放经营效应。

第二，扩大规模将会促使农户采取高碳农业生产行为。种植规模越大，越需要依靠化肥和农机作业替代和协助人力完成农业生产，相应地，由能源和化肥造成的碳密度越高。另外，本节由于样本容量的限制，规模扩大和投入增加的增产效果没有体现出来。在规模经济显著的情况下，规模对碳成本的影响需要进一步讨论。

第三，提高地块的集中程度将促进农户的低碳生产行为。地块集中的农户在合理确定化肥使用量、灌溉、使用农机作业乃至测土配方、秸秆还田等农业技术的应用方面都具有分散地块所不具有的优势，提高地块集中程度能够因合理配置生产要素而减少能源和化学品浪费，进而减少农户的农业碳排放。

2. 政策启示

第一，促进兼业农户的分化是克服兼业导致农户高碳生产行为的有效途径。促使具有非农就业比较优势的农户专门从事非农业、具有农业生产比较优势的农户专门从事农业，要依靠增加非农就业机会和鼓励农地流转来实现。

第二，减小土地细碎化程度有利于农户采取低碳生产行为。在规模经济显著的情况下，如果单产提高幅度大于碳密度提高幅度，则扩大生产规模将降低农户的农业碳成本。因此，综合考虑规模对碳密度和单产两方面的影响，应该鼓励农地流转，推进适度规模经营和减小土地的细碎化程度。

第三，通过农地流转实现农户的专业化生产和扩大经营规模需要通过非农产业发展、农业劳动力获得充分的非农就业机会来实现，为此需要发展经济以创造更多的非农就业机会，同时需要政府提供有利于农业劳动力非农就业的制度保障。

综上所述，本节考察了非农就业对稻农农业碳排放行为的影响，由于样本容量等局限性，还存在如下需要进一步讨论的问题：

首先，本节以碳密度和碳成本共同衡量稻农的农业碳排放行为，由于调查区样本户单产的离散程度较小，碳成本和碳密度的变化方向趋同，依据这两个指标得到的碳排放行为分类较多地反映了碳密度的影响。由于经营规模不仅影响碳密度，而且影响单产，在单产存在显著变化的情况下，经营规模对碳成本的影响将发生变化。何种规模能够在提高碳密度和增加单产之间获得平衡从而得到最小碳成本，还需要进一步研究。

其次，本节研究了非农就业对稻农农业碳排放行为的影响，对农业碳排放量的测度选取了由能源和化肥引起的碳源排放，核算后再进行聚类。由于农户农业生产行为对碳排放的影响既包括碳源排放又包括碳汇吸收，且缺乏相应的数据，因此本节未考虑免耕、秸秆还田等碳汇措施的抵消作用，如果考虑这部分影响是否得到相同的结论还有待探讨。

# 第四章 化肥施用驱动因素与低碳施肥技术采用

在传统农业向现代农业转化过程中，农业生产经营主体对机械、能源、化学品等生产要素的应用使农业成为高碳产业。促进农业低碳发展必须合理引导农业生产经营主体的碳排放行为，在我国主要是合理引导农户的碳排放行为，使其向低碳方向发展。对于种植业尤其是粮食生产而言，肥料施用是农户最重要的碳排放行为。农户施肥状况在其低碳生产行为综合评价中占有重要地位。肥料包括化肥和有机肥两大类，化肥是农业碳排放和农业面源污染的主要来源，而有机肥是一种低碳肥料。相关研究表明，与单施化肥的土壤肥力管理相比，在同时施用有机肥的综合土壤肥力管理下产量更高。

粮食主产区在我国农业生产中占有重要地位，本章将在分析粮食主产区化肥施用总体特征和驱动因素的基础上，基于粮食主产区的微观调查数据总结和比较不同规模农户化肥和有机肥的施用特征，并分析农户施肥行为决策及低碳施肥技术采用的影响因素。

## 第一节 粮食主产区化肥施用量增长的驱动因素分解

粮食主产区指适合种植粮食作物、粮食产量高、种植比例大、除区内自身消费外还可大量调出商品粮的经济区域。财政部 2003 年 12 月下发的《关于改革和完善农业综合开发政策措施的意见》中确定河北、内蒙古、辽宁、吉林、黑龙江、江苏、安徽、江西、山东、河南、湖北、湖南、四川 13 个省份为我国粮食主产区。2004 年以来，我国粮食产量连续增长，由长期产不足需转变为供需紧平衡，粮食生产向主产区集中的趋势愈加明显。从 2005 年到 2015 年，粮食主产区粮食产量增长了 11898.1 万吨，占全国粮食增量的 86.6%；油料产量增长了 324.6 万吨，占全国油料增量的 70.6%。2015 年，粮食主产区的农作物播种面积占全国农作物总播种面积的 67.8%，粮食和油料作物播种面积分别占 71.9% 和 75.8%，产量分别占 76.2% 和 79.0%，为保障国家粮食安全和主要农产品有效供给做出了巨大贡献。然而，粮食主产区也付出了极高的资源和环境代价。从 2005 年到 2015 年，粮食主产区化肥施用量增长了 728.4 万吨，2015 年达到 4015.6 万吨，单位播种面积化肥施用量达到 356.7kg/hm²，远超 225kg/hm² 的国际公认安全施用上限。大量施用化肥不仅带来高碳排放和农业面源污染等问题，而且增加生产成本，不利于农民增收和农业可持续发展。

关于近年来我国粮食主产区化肥施用量增长的成因以及各种因素的贡献程度，目前还没有专门的研究。一些学者研究了全国或某省份化肥施用量增长的驱动因素。例如，栾江等（2013）对我国 1991~2010 年化肥施用量增长的成因进行了分解，表明施用强度提高是我国化肥施用量增长的主要原因，但 2007 年后施用强度贡献下降，播种面积增加的贡献上升。张卫峰等（2008）、Xin 等（2012）认为，种植结构调整是我国化肥施用量大幅增长的重要原因。潘丹（2014）对我国 2004~2011 年单位农产品产量的化肥施用量变动进行了分解，表明化肥利用效率下降是我国单位农产品化肥施用量增长的主因。栾江等（2015）分解了我国农作物产量和化肥施用量的脱钩指数，表明农作物产量与化肥施用量脱钩与否主要取决于化肥利用效率，而结构调整的贡献却有限。郑微微和徐雪高（2017）对江苏省化肥施用强度下降的驱动因素进行了分解，表明施用强度下降主要由效率变化驱动，种植结构调整反而制约了化肥施用强度下降。此外，一些学者采用计量经济模型分析了我国化肥施用量变动的影响因素，认为经济增长、技术进步、农业结构调整和城市化水平等因素影响化肥施用量。由于各国农业发展所处的阶段不同，故其种植业化肥施用方面研究的重点也不一样。欧美发达国家已经实现了农业现代化，化肥施用量相对稳定，目前主要研究政策调整、市场波动等因素对化肥施用强度的影响。亚洲国家通过绿色革命使化肥得到广泛使用，但也带来一系列生态环境问题，目前关注重点是降低化肥施用强度和提高化肥施用效率，典型国家是中国和印度。非洲由于基础设施不完善等原因，绿色革命滞后于亚洲，尤其是撒哈拉以南地区的人均粮食产量和单位面积化肥施用量很低，目前重点是增加化肥施用和提高粮食产量，近年来肥料补贴等支持政策和推广服务等措施促进了该区化肥施用量的增长。

当前，我国农业发展的内外部环境和主要矛盾已经发生转变，由总量不足转为结构性矛盾，人们更加关注农产品质量安全，而且原生产方式带来较大的资源环境压力。为此，2015 年 12 月中央农村工作会议提出"农业供给侧结构性改革"，除了继续强调保供给外，农业供给侧结构性改革还包括调整结构、提高农产品品质和促进产业融合等要求。粮食主产区在我国粮食等主要农产品生产中具有极其重要的地位，研究其化肥施用量变动特征和驱动因素有助于在确保我国粮食等主要农产品有效供给的同时减少化肥施用量。本节以我国 13 个粮食主产省份为研究区域，在总结其化肥施用现状和变动特征的基础上，采用因素分解法对 2005 年以来粮食主产区化肥施用量的增长量进行驱动因素分解分析，并比较不同时段、不同区域和不同作物的化肥增长量及其驱动因素，以期为制定更有精准性的区域农业可持续发展政策、实施农业低碳生产、实现到 2020 年化肥施用量零增长的目标提供依据。

# 一、研究方法与数据来源

### 1. 研究方法

本节将化肥施用强度定义为某种作物的单位播种面积化肥施用量，用化肥施用总量除以总播种面积得到的单位播种面积化肥施用量是不同作物化肥施用强度的加权平均值。本节首先分析粮食主产区化肥施用量的总体状况和变动特征，其次采用因素分解模型对化肥施用量的变动进行因素分解。模型推导如下：

将总化肥施用量表示为各种作物化肥施用强度与其播种面积的乘积：

$$Q = \sum_i (I_i \times A_i) \tag{4-1}$$

其中，Q 为总化肥施用量，$I_i$ 为第 i 种作物的化肥施用强度，$A_i$ 为第 i 种作物的播种面积。

为考察种植结构对化肥施用量的影响，将式（4-1）表示为：

$$Q = \sum_i (I_i \times P_i \times a) \tag{4-2}$$

其中，$P_i$ 为第 i 种作物播种面积占总播种面积的比例，a 为总播种面积。第 i 种作物的化肥施用量从第 0 期到第 1 期的变动量可表示为：

$$\Delta Q_i = Q_{i,1} - Q_{i,0} = I_{i,1} \times P_{i,1} \times a_1 - Q_{i,0} = (I_{i,0} + \Delta I_i) \times (P_{i,0} + \Delta P_i) \times$$
$$(a_0 + \Delta a) - Q_{i,0} \tag{4-3}$$

其中，$Q_{i,0}$ 和 $Q_{i,1}$ 分别为第 i 种作物第 0 期和第 1 期的化肥施用量，$\Delta Q_i$ 为化肥施用量的变动量；$I_{i,0}$ 和 $I_{i,1}$ 分别为第 i 种作物第 0 期和第 1 期的化肥施用强度，$\Delta I_i$ 为化肥施用强度的变动量；$P_{i,0}$ 和 $P_{i,1}$ 分别为第 i 种作物第 0 期和第 1 期的播种面积占总播种面积的比例，$\Delta P_i$ 为第 i 种作物播种面积比例的变动量；$a_0$ 和 $a_1$ 分别为第 0 期和第 1 期的总播种面积，$\Delta a$ 为总播种面积的变动量。

由于 $Q_{i,0} = I_{i,0} \times P_{i,0} \times a_0$，根据式（4-3）可进一步得到：

$$\Delta Q_i = \Delta I_i \times P_{i,0} \times a_0 + I_{i,0} \times \Delta P_i \times a_0 + I_{i,1} \times P_{i,1} \times \Delta a + \Delta I_i \times \Delta P_i \times a_0$$
$$= G_i + L_i + H_i + V_i \tag{4-4}$$

其中，$\Delta I_i \times P_{i,0} \times a_0$（即 $G_i$）为化肥施用强度单独变化导致的化肥施用变动量；$I_{i,0} \times \Delta P_i \times a_0$（即 $L_i$）为种植结构单独变化导致的化肥施用变动量；$I_{i,1} \times P_{i,1} \times \Delta a$（即 $H_i$）为总播种面积单独变化导致的化肥施用变动量；$\Delta I_i \times \Delta P_i \times a_0$（即 $V_i$）表示化肥施用强度和种植结构共同变化导致的化肥施用变动量（以下简称边际贡献）。

总化肥施用变动量可以表示为各种作物化肥施用变动量的加总：

$$\Delta Q = \sum_i \Delta Q_i = \sum_i (G_i + L_i + H_i + V_i) \tag{4-5}$$

上述 4 种因素变化导致的化肥施用变动量占总化肥施用变动量的比例称为这一因素对化肥施用变动量的贡献率。本节重点考察化肥施用强度、种植结构和总播种面积变化对化肥施用变动量的贡献，由于边际贡献的影响相对较小，本节不再对其进行专门分析。

2. 数据来源

本节研究内容包括化肥施用量总体变动特征及驱动因素分解两部分，总体变动特征部分所需数据主要来自《中国统计年鉴》；因素分解所需数据包括各种作物的单位播种面积化肥施用量以及播种面积，单位面积化肥施用量来自《全国农产品成本收益资料汇编》，播种面积来自《中国统计年鉴》。研究区域为我国粮食主产区，并进一步将其划分为北方主产区和南方主产区，其中，河北、内蒙古、辽宁、吉林、黑龙江、山东、河南7个省份属于北方主产区，江苏、安徽、江西、湖北、湖南、四川6个省份属于南方主产区。研究时段为2005~2015年，主要考虑到2005年以后我国农户施肥调控政策发生了较大转变，由增量增产和增量调结构向减量增效转变。

根据《全国农产品成本收益资料汇编》，本节收集了12种主要农作物的单位播种面积化肥施用量数据，并将这些作物进一步划分为粮食作物（稻谷、小麦、玉米、大豆）、传统经济作物（花生、油菜籽、棉花、甘蔗、甜菜、烤烟）和园艺作物（蔬菜、水果）三大类。上述作物的播种面积之和占研究区农作物总播种面积的90%左右，基本上可反映研究区的种植状况。由于统计口径的问题，通过《全国农产品成本收益资料汇编》中的单位播种面积化肥施用量数据和《中国统计年鉴》中的农作物播种面积数据计算出的研究区化肥施用量与《中国统计年鉴》中的化肥施用量数据并不完全一致，约占后者的93%~106%，大致可反映研究区的化肥施用状况。以下部分将采用上述数据进行化肥施用量变动的因素分解。

## 二、结果与分析

### 1. 化肥施用总体状况与变动特征

（1）粮食主产区化肥施用总体状况。第一，从总量来看，2015年，我国粮食主产区化肥施用量为4015.6万吨，占全国化肥施用总量的66.7%；北方主产区和南方主产区分别占全国的39.6%和27.1%。从均量看，2015年，粮食主产区单位播种面积化肥施用量为356.7kg/hm²，北方主产区单位播种面积化肥施用量高于南方主产区；同期，全国单位播种面积化肥施用量为362.0kg/hm²。分化肥品种来看，2015年，粮食主产区复合肥和氮肥施用量所占比例均为38.3%，磷肥和钾肥比例分别为13.9%和9.5%；北方主产区复合肥施用量的比例高于南方主产区。第二，从不同作物看，2005~2015年，粮食作物化肥施用量占粮食主产区化肥施用总量的比例均值为58.5%，传统经济作物和园艺作物化肥施用量比例的均值分别为9.7%和31.8%；北方主产区粮食作物化肥施用量比例高于南方主产区，两区域均值分别为60.9%和54.9%。从化肥施用强度来看，园艺作物最高，其次为粮食作物。2015 年，粮食主产区园艺作物的化肥施用强度为 772.9kg/hm²，粮食作物和传统经济作物分别为 347.8kg/hm² 和 309.7kg/hm²；我国北方粮食主产区三大作物的施用强度均高于南方主产区。

（2）粮食主产区化肥施用变动特征。第一，总体来看，粮食主产区化肥施用量增速明显放缓，正向零增长迈进。2005 年以来，我国农户施肥调控政策目标转变为减量增效，全国范围大规模开展了测土配方施肥行动，对促进化肥减量起到了积极作用。2005~2010 年粮食主产区化肥施用量增长了 15.7%，2010~2015 年增长了 5.6%；2005~2010 年单位播种面积化肥施用量增长了 10.7%，2010~2015 年增长了 3.2%。2015 年，我国提出到 2020 年实现化肥施用量零增长，当年粮食主产区化肥施用总量和单位播种面积化肥施用量均略有下降。第二，分区域看，北方主产区化肥施用量仍在增长，南方主产区已在下降。2015 年，北方主产区单位面积化肥施用量和施用总量分别比上年增长 0.2% 和 0.9%；南方主产区自 2012 年起单位面积化肥施用量开始负增长，2013 年起施用总量开始负增长。分作物看，2005~2015 年，粮食作物、传统经济作物和园艺作物的化肥施用强度分别提高了 70.8kg/hm²、44.0kg/hm² 和 114.7kg/hm²。三大类作物的化肥施用强度 2011~2015 年的提高幅度均小于 2005~2010 年，其中 2010 年以来园艺作物和经济作物的施用强度总体在降低。

化肥施用量增长可能来自施用强度提高，也可能来自播种面积增加或种植结构调整。2005~2015 年，粮食主产区农作物总播种面积增长了 979.8 万 hm²。其中，粮食作物和园艺作物的播种面积分别增长了 907.9 万 hm² 和 302.6 万 hm²，占农作物总播种面积的比例分别提高了 2.0 个和 1.3 个百分点；传统经济作物的播种面积减少了 230.7 万 hm²。那么，这一时期我国粮食主产区化肥施用量的增长主要来自于何种因素？不同时段、不同区域和不同作物呈现出何种特征？本节以下部分将对其进行因素分解分析。

2. 化肥增长量驱动因素分解结果

（1）粮食主产区总体化肥增长量的因素分解。本部分运用因素分解模型对我国粮食主产区化肥施用量增长的驱动因素进行了分解，各年份的分解结果如图 4-1 所示。

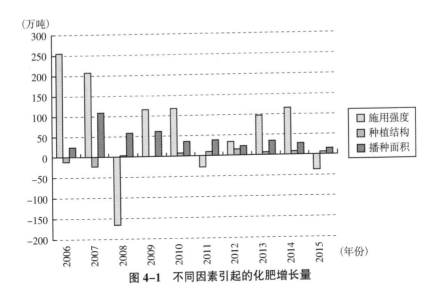

图4-1　不同因素引起的化肥增长量

由图4-1可以看出，2006~2015年粮食主产区化肥施用量增长的主要原因是施用强度提高，其次是播种面积增加，种植结构调整的贡献较小。分时段看，2006~2010年，粮食主产区化肥增长量较大，累计增长了787.9万吨，化肥施用量增长的最主要原因是施用强度的提高。随着化肥减量增效政策的深入推进，施用强度的提高对化肥增长量的贡献在下降。2011~2015年，粮食主产区化肥增长量明显降低，累计增长了378.9万吨，不足2006~2010年增量的一半；施用强度和播种面积的贡献下降，种植结构调整的贡献提高。

表4-1是不同时段粮食主产区化肥施用量增长的驱动因素分解结果。2005~2015年，粮食主产区12种主要农作物的化肥施用量共计增长了1166.8万吨；施用强度提高是粮食主产区化肥施用量增长的主因，贡献率超过55%；其次是播种面积增加，贡献率达到40%。分时段看，2005~2010年，施用强度对粮食主产区化肥增长量的贡献率达65%以上，其次是播种面积增加；种植结构调整的显著特点是粮食作物的面积比例大幅上升，对化肥施用量的增长起到一定的抑制作用。2010~2015年，施用强度对粮食主产区化肥增长量的贡献率已经低于50%，播种面积的贡献率仍然较大。这一时段园艺作物播种面积的比例上升，在一定程度上促进了化肥施用量增长。

表 4-1　不同时段化肥增长量的因素分解

| 时段 | 总增长量（万吨） | 各因素贡献量（万吨） | | | 各因素贡献率（%） | | |
|---|---|---|---|---|---|---|---|
| | | 施用强度 | 种植结构 | 播种面积 | 施用强度 | 种植结构 | 播种面积 |
| 2005~2010 年 | 787.9 | 514.2 | −22.2 | 301.7 | 65.3 | −2.8 | 38.3 |
| 2010~2015 年 | 378.9 | 181.9 | 48.9 | 146.6 | 48.0 | 12.9 | 38.7 |
| 2005~2015 年 | 1166.8 | 675.1 | 15.9 | 466.4 | 57.9 | 1.4 | 40.0 |

（2）不同作物对粮食主产区化肥增长量的贡献。化肥总增长量可以分解为不同作物化肥增长量的加总，相应地，每个驱动因素都可以分解为不同作物贡献量的加总。本部分在施用强度、种植结构和播种面积等因素分解的基础上，进一步将粮食主产区的化肥增长量分解为不同作物的贡献。各年份的分解结果如图 4-2 所示。

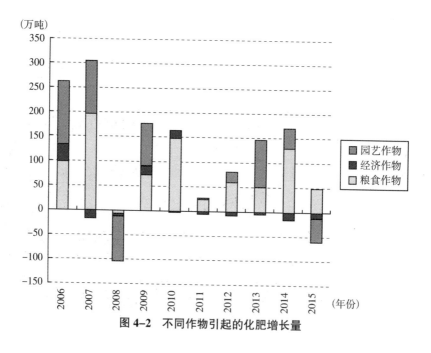

图 4-2　不同作物引起的化肥增长量

由图 4-2 可以看出，2006~2015 年，粮食主产区化肥施用量的增长主要来自粮食作物和园艺作物，传统经济作物的化肥施用量增长很少，且 2011 年以来均为负增长。粮食作物和园艺作物化肥施用量的增长主要来自施用强度提高，其次是播种面积增加。分时段来看，2006~2010年，粮食作物的化肥施用量累计增长了511.4万吨，园艺作物累计增长了228.3万吨，经济作物累计增长了48.2万吨。2011~2015年，粮食作物的化肥施用量累计增长了314.2万吨，园艺作物累计增长了110.4万吨，经济作物累计减少了45.7万吨。

表4-2是不同时段我国粮食主产区化肥增长量作物层面的分解结果。2005~2015年，粮食作物施用强度提高和播种面积增加是粮食主产区化肥施用量增长的主要原因，贡献率合计达63%；园艺作物施用强度提高和播种面积增加的贡献率合计约27%。

表4-2　不同时段化肥增长量作物层面的分解结果

| 时段 | 作物种类 | 各因素贡献率（%） | | | |
| --- | --- | --- | --- | --- | --- |
| | | 施用强度 | 种植结构 | 播种面积 | 合计 |
| 2005~2010年 | 粮食作物 | 34.4 | 6.9 | 22.6 | 63.9 |
| | 经济作物 | 7.7 | −4.5 | 3.8 | 7.0 |
| | 园艺作物 | 23.3 | −5.2 | 11.9 | 30.0 |
| 2010~2015年 | 粮食作物 | 53.1 | 5.7 | 23.6 | 82.4 |
| | 经济作物 | −1.2 | −14.1 | 3.1 | −12.2 |
| | 园艺作物 | −3.9 | 21.4 | 12.0 | 29.5 |
| 2005~2015年 | 粮食作物 | 38.6 | 6.1 | 24.4 | 69.1 |
| | 经济作物 | 4.8 | −6.7 | 3.2 | 1.3 |
| | 园艺作物 | 14.5 | 1.9 | 12.4 | 28.8 |

分时段来看，2005~2010年，粮食主产区化肥增长量的57%来自粮食作物的施用强度提高和播种面积增加；园艺作物施用强度提高和播种面积增加约贡献了总增量的1/3。2010~2015年，粮食作物施用强度提高和播种面积增加对粮食主产区化肥增长量的贡献率接近77%；园艺作物化肥施用量的增长主要来自于种植结构调整，其次是播种面积增加；传统经济作物对化肥施用量增长的贡献为负，主要是由于其播种面积的比例下降。

（3）不同区域化肥增长量的因素分解及比较。北方主产区和南方主产区在自然条件、种植传统及经济发展状况等方面存在较大的差别，因此各因素对其化肥施用量增长的贡献也不一样。本部分运用因素分解模型分别对北方和南方主产区化肥施用量增长的驱动因素进行了分解，各年份的分解结果如图4-3所示。

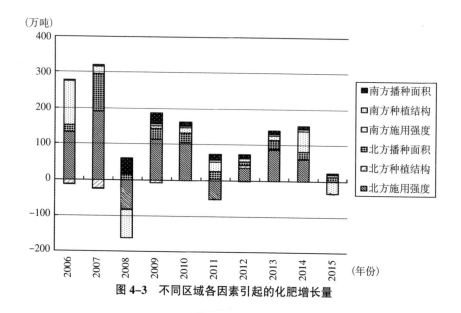

图4-3　不同区域各因素引起的化肥增长量

2006~2015年，北方主产区和南方主产区的化肥增长量分别占粮食主产区化肥总增长量的71.8%和28.2%。北方主产区施用强度的提高累计贡献了589.6万吨，播种面积增加累计贡献了288.9万吨，种植结构调整抑制了化肥增长，贡献量为-29.4万吨；南方主产区的施用强度提高累计贡献了145.9万吨，播种面积增加累计贡献了145.1万吨，而种植结构调整的增长量相对较小，为41.2万吨。分时段看，2006~2010年北方主产区和南方主产区化肥增量分别占同期粮食主产区化肥总增量的76.3%和23.7%，2011~2015年分别占62.5%和37.5%。

表4-3是不同时段南北主产区化肥增长量的因素分解。2005~2015年，北方主产区的化肥增长主要来自于施用强度提高，约占该区化肥增长量的2/3；南方主产区播种面积和施用强度的贡献大致相当。

种植结构调整方面，北方主产区粮食作物的面积比例上升，种植结构调整的贡献为负；南方主产区园艺作物面积比例上升，种植结构调整的贡献为正。分时段看，2005~2010年，北方主产区化肥施用量增长的主因是施用强度提高，贡献率达73.7%；南方主产区化肥施用量增长的主因是播

表4-3 不同时段各区域化肥增长量的因素分解

| 区域 | 时段 | 化肥增长量（万吨） | 各因素贡献率（%） | | |
|---|---|---|---|---|---|
| | | | 施用强度 | 种植结构 | 播种面积 |
| 北方主产区 | 2005~2010 年 | 601.0 | 73.7 | −6.6 | 34.8 |
| | 2010~2015 年 | 236.6 | 54.4 | 5.1 | 40.1 |
| | 2005~2015 年 | 837.6 | 66.3 | −3.7 | 37.8 |
| 南方主产区 | 2005~2010 年 | 186.9 | 44.4 | 4.7 | 50.8 |
| | 2010~2015 年 | 142.3 | 43.6 | 19.2 | 36.8 |
| | 2005~2015 年 | 329.2 | 42.6 | 9.9 | 46.5 |

种面积增加。2010~2015 年，两区化肥施用量增长的主因都是施用强度提高，种植结构调整的贡献率均有所上升；北方施用强度的贡献率下降。

## 三、结论与启示

### 1. 主要结论

本节利用 2005~2015 年我国粮食主产区化肥施用量的相关数据，在总结其化肥施用现状及变动特征的基础上，对粮食主产区化肥施用量增长的驱动因素进行了分解分析，结论如下：

第一，总体看，粮食主产区化肥施用量增速明显放缓，2015 年已处于负增长；分区域看，北方主产区化肥施用量仍然在增长，南方主产区已经在下降。化肥施用强度的提高是这一时期我国粮食主产区化肥施用量增长的主要原因，其次是播种面积增加，种植结构调整的贡献较小。2010 年之后，伴随着我国化肥减量增效政策的深入实施，化肥施用强度提高对粮食主产区化肥施用量增长的贡献正在下降，种植结构调整的贡献上升。1998~2003年，我国粮食产量连年下降，2003 年仅为 43069.5 万吨。2004 年以来，国家不断加大对粮食生产的政策支持力度，2015 年我国粮食产量达到 62143.9万吨，实现"十二连增"。空间布局上，粮食生产加快向主产区集中。正是在这样的大背景下，一方面通过提高化肥施用强度等措施提高粮食等重要农作物单产，另一方面总播种面积增加，这一阶段粮食主产区种植结构调整的突出特点是粮食作物的播种面积比例大幅上升，由此导致上述结果。

第二，根据作物层面的分解结果，这一时期粮食主产区化肥施用量的增长主要来自于粮食作物和园艺作物，主要原因是施用强度提高，其次是播种面积增加。分时段来看，2005~2010年，粮食作物和园艺作物的化肥增长量主要来自于施用强度提高，其次是播种面积增加；传统经济作物的化肥施用量略有增长。2011~2015年，粮食作物施用强度的贡献率大幅上升；传统经济作物的化肥施用量减少。

第三，根据不同区域的分解结果，北方主产区化肥增长量约占粮食主产区化肥总增量的70%，南方主产区约占30%。北方主产区化肥施用量增长的主因是施用强度提高，其次是播种面积增加；南方主产区二者贡献大致相当。分时段看，2005~2010年，北方主产区施用强度提高贡献了粮食主产区化肥总增量的50%以上，南方主产区播种面积增加的贡献略高于施用强度提高。2011~2015年，北方主产区施用强度提高的贡献率下降，南北主产区园艺作物比例都在上升。

2. 政策启示

通过上述分析，得出如下政策启示：

第一，提高化肥利用效率，降低化肥施用强度。根据化肥施用量增长的驱动因素分解结果，化肥施用强度提高是粮食主产区化肥施用量增长的主因。为此，应该着力提高化肥利用效率，降低单位播种面积化肥施用量。具体措施包括：完善测土配方施肥政策，制定配套的政策措施吸引农户参与测土配方施肥项目和施用配方肥，同时要加强对农户科学施肥的技术培训；促进有机肥生产和消费，调整化肥品种结构和地区结构；等等。

第二，推广应用节肥型品种，促进果、菜、茶有机肥替代化肥。受市场导向的影响，近年来粮食主产区用于生产高经济效益的蔬菜、水果等园艺作物的土地面积比例上升。在此背景下，一方面应积极推进"化肥节约型"的品种结构调整，相同作物应选用节肥型品种；另一方面应当大力发展循环农业，从果、菜、茶等园艺作物开始试点实施，制定和完善有机肥替代化肥政策，促进秸秆还田和畜禽粪便的肥料化利用。

第三，重视实施耕地轮作休耕制度，根据市场供需状况调整粮食等主要农作物的播种面积。《中共中央关于制定国民经济和社会发展第十三个五年规划的建议》中提出要"探索实行耕地轮作休耕制度试点"，实行"藏粮于地"。粮食主产区也应予以重视，在粮食供过于求时，通过轮作休耕使一部分化肥施用量大、已造成土壤污染的土地减少粮食生产数量，粮食紧缺时再将这些土地用于粮食生产。

# 第二节 低碳视角下不同类型农户化肥施用行为比较

　　随着工业化和城镇化的推进，农业劳动力从事非农就业的机会不断增多，非农就业促进了农地流转。一部分农户转出耕地，逐步退出农业生产；另一部分农户转入耕地，扩大经营规模。非农就业和农地流转使原本均分的农户生产经营规模发生变化，形成了规模农户和普通农户两种不同类型的农户。规模农户和普通农户在种粮目的、生产技能、资金实力等方面的差异可能导致其施肥行为及相应的碳排放状况差别：一方面其化肥施用数量、结构、利用效率以及碳排放程度可能存在差异；另一方面规模农户和普通农户可能在低碳施肥技术（如施用有机肥、测土配方施肥等）采用上存在差异。那么，不同类型农户的施肥行为有何特征？规模农户的化肥施用量是比普通农户更高还是更低？不同类型农户的有机肥施用行为是否存在差别？如何促进农户减少化肥施用和采用低碳施肥技术？为回答上述问题，本节将在低碳视角下实证分析规模农户和普通农户两种不同类型农户的施肥行为特征及其采用低碳施肥技术决策的影响因素。

## 一、农户施肥行为影响因素的文献综述

　　关于农户施肥行为影响因素的研究主要集中在以下几方面：

　　第一，基于农业投资的角度，将化肥施用视为短期投资，有机肥施用视为长期投资，重点考察地权稳定性对农户施肥行为的影响。一般认为，稳定的土地使用权有助于激励农户施用有机肥，而许庆和章元（2005）、陈铁和孟令杰（2007）的研究表明，土地调整对农户有机肥施用量没有显著影响。关于地权稳定性对化肥的影响，何凌云和黄季焜（2011）的研究表明，农户在自留地与口粮田以及开荒地上的化肥施用量显著少于责任田；还有研究表明，农户对租用的土地会更多地施用化肥以达到短期增产的目的；然而也有研究表明，农户间的非正式农地流转对土壤短期肥力无显著影响，即农地流转不会影响化肥施用。

第二，农户施肥行为本质上是关于既定市场和技术约束下要素投入选择的问题。一些学者在市场和技术既定框架下，重点关注要素和产品的相对价格、农户收入、肥料补贴政策等因素对农户施肥行为的影响。研究表明，化肥价格上涨，农户的化肥施用量将会减少，农户施用有机肥的可能性及有机肥施用量均增加，农产品和化肥价格比显著影响化肥施用。非农就业是农户收入主要来源之一，也是颇受关注的影响因素。一些研究表明，从事非农就业或非农就业比重高的农户倾向于多施化肥，少施或不施有机肥；Ⅰ兼户比Ⅱ兼户化肥投入少，施用有机肥的可能性大；随着农业收入比重的提高，农户施用有机肥的概率将会下降。此外，研究发现，化肥补贴政策在增加化肥施用量的同时，会使农户有机肥施用量的增长率下降。

第三，随着经济社会环境的变化，市场和技术在不断发展。一些学者打破市场和技术既定的框架，重点关注垂直协作方式、技术培训等组织、制度、技术因素对农户施肥行为的影响。学者们研究发现，与市场交易方式相比，合作社等更紧密的垂直协作方式能减少农户化肥投入；通过测土配方施肥技术指导等制度安排，合同生产模式能够提高农户有机肥的投入比重。技术培训对农户化肥施用量的影响应具体情况具体分析。在本已过量施肥的情况下，以引导农户合理施肥为目标的技术培训有利于减少化肥施用量，而以作物促产和化肥促销为目标的技术培训对化肥施用水平有正向影响，技术培训能够促进农户施用有机肥。

目前还没有学者在低碳视角下研究规模农户和普通农户施肥行为差异的影响因素。本节在总结和比较两类农户化肥施用行为特征的基础上，研究规模农户和普通农户采用测土配方施肥技术的影响因素，以期为政府部门制定有针对性的化肥减量政策措施提供实证依据。

## 二、模型构建与变量选取

### 1. 模型构建

（1）不同类型农户化肥施用状况的决定因素。本节以单位面积化肥费用作为衡量农户化肥施用状况的指标，构建多元线性回归模型分析不同类型农户化肥施用状况的决定因素。模型的被解释变量为农户在单位面积上施用化肥的费用，解释变量为影响农户化肥费用的各种因素。

由于实际调查中被解释变量的取值和解释变量的取值差距较大，故将模型设为半对数形式。模型表达式为：

$$\ln y = \beta_0 + \beta_1 x_1 + \beta_2 x_2 + \cdots + \beta_k x_k + \varepsilon \tag{4-6}$$

其中，y 为单位面积化肥费用，$x_1$，$x_2$，$\cdots$，$x_k$ 为影响农户化肥费用的各种因素，$\beta_0$，$\beta_1$，$\beta_2$，$\cdots$，$\beta_k$ 为待估参数，$\varepsilon$ 为随机扰动项。

（2）不同类型农户测土配方施肥技术采用决策。被解释变量为农户是否采用测土配方技术，解释变量为影响农户采用测土配方施肥技术的各种因素。被解释变量为二分类变量，因此使用二元选择模型。假设随机干扰项服从逻辑分布，采用二元 Logit 模型：

$$P(y = 1 \mid x_1,\ x_2,\ \cdots,\ x_k) = \frac{\exp(\beta_0 + \beta_1 x_1 + \beta_2 x_2 + \cdots + \beta_k x_k)}{1 + \exp(\beta_0 + \beta_1 x_1 + \beta_2 x_2 + \cdots + \beta_k x_k)} \tag{4-7}$$

设农户选择采用测土配方施肥技术为 y = 1，不采用测土配方施肥技术为 y = 0。设 y = 1 的概率为 $p = P(y = 1 \mid x) = \dfrac{\exp(x'\beta)}{1 + \exp(x'\beta)}$，y = 0 的概率为 $1 - p = P(y = 0 \mid x) = \dfrac{1}{1 + \exp(x'\beta)}$，用极大似然法（ML）估计模型参数。

2. 变量选取

化肥施用状况模型的被解释变量为单位面积化肥投入费用，测土配方施肥技术采用模型的被解释变量为是否采用了测土配方施肥技术，分别针对全体样本户、规模农户、普通农户构建计量模型。模型从 5 方面选取解释变量：农地资源禀赋、其他经营特征、务农人口特征、信息与技术可得性和地域变量。

化肥投入模型中，农地资源禀赋变量选取是否为规模农户、地块面积和地块质量，其他经营特征变量选取种粮收入占家庭收入的比重、是否施用农家肥、是否测土配方施肥、是否深松，务农人口特征变量选取家庭主要务农人口的年龄和受教育年限，信息与技术可得性变量选取是否为科技示范户、参加农技培训次数、是否为合作社成员，地域变量本部分具体选取种植制度。

测土配方施肥技术采用模型中，农地资源禀赋变量选取是否为规模农户、耕地面积，其他生产经营特征变量重点考察专业化程度，具体采用小麦面积占家庭经营耕地面积的比重；务农人口特征变量选取家庭主要务农人口的年龄和受教育年限，信息与技术可得性变量选取是否为合作社成员，地域变量具体为调查区域。

## 三、数据来源与基本统计分析

### 1. 数据来源

本节数据来源于笔者 2017 年 8 月对山东省郯城县和宁阳县小麦种植户的实地调查。郯城县和宁阳县分别隶属于山东省临沂市和泰安市，郯城县位于山东省最南端，宁阳县位于鲁中偏西、泰安市南部，两县均为粮食生产大县。

本次调查使用问卷法，首先通过相关部门获取了两县的规模农户名单，依据规模农户数量在每个县选取了 2~3 个规模农户较多的乡镇，在每个乡镇选取了 3~5 个规模农户最为集中的村庄，其次综合考虑村庄规模农户数量和期望的样本数量、结构，依据规模农户和村干部全数调查、普通农户作为补充的原则在每个村抽取了 5~25 户农户。

本次调查共收集到 240 份问卷，经过数据筛选、审核和整理，剔除 7 户农业收入小于 5% 的非农户和 1 户年龄在 75 岁以上且信息较多缺失的老龄户，实际用于分析的小麦种植户为 232 户，有效样本率为 96.67%。样本户中，包括 94 户经营耕地面积在 3.33hm²（50 亩）及以上的规模农户和 138 户耕地面积在 3.33hm²（50 亩）以下的普通农户，分别占样本总数的 40.52% 和 59.48%；其中，规模农户的平均耕地面积为 8.79hm²，普通农户的平均耕地面积为 0.66hm²。样本户在各乡镇的分布为花园乡 64 户、泉源乡 42 户、归昌乡 53 户、磁窑镇 28 户、伏山镇 45 户。样本农户的具体分布如表 4-4 所示。

**表4-4 样本农户分布状况**

| 省份 | 县 | 乡（镇） | 样本农户（户） | 比例（%） | 规模农户（户） | 普通农户（户） |
|---|---|---|---|---|---|---|
| 山东 | 郯城 | 花园乡、泉源乡、归昌乡 | 159 | 68.53 | 73 | 86 |
| | 宁阳 | 磁窑镇、伏山镇 | 73 | 31.47 | 21 | 52 |
| 合计 | — | — | 232 | 100.00 | 94 | 138 |

数据来源：笔者调研。

2. 样本基本特征

（1）家庭主要务农人口特征。从样本户的家庭主要务农人口的年龄和受教育状况来看，全部样本户家庭主要务农人口的平均年龄为 51.76 岁，规模农户和普通农户家庭主要务农人口的平均年龄分别为 47.47 岁和 54.69 岁。全部样本户家庭主要务农人口平均受教育年限为 8.38 年，规模农户和普通农户的家庭主要务农人口平均受教育年限分别为 8.39 年和 8.37 年。

（2）农地资源禀赋。样本户的平均耕地面积为 3.95hm²，规模农户和普通农户的平均耕地面积分别为 8.79hm² 和 0.66hm²。2016 年冬季，样本户的平均小麦种植面积为 3.72hm²，规模农户和普通农户的平均小麦种植面积分别为 8.26hm² 和 0.63hm²。样本户的最大麦地地块面积平均为 1.60hm²，规模农户和普通农户的最大麦地地块面积分别为 3.48hm² 和 0.32hm²。规模农户中有 11 户只有 1 块麦地，占受访规模农户的 11.70%；31 户最大麦地不足其麦地总面积的 1/4（即至少有 5 块麦地），占受访规模农户的 32.98%。从最大麦地地块的土壤质量来看，110 户的最大麦地地块为好地，96 户的最大麦地地块为中等地，26 户的最大麦地地块为差地，分别占 47.41%、41.38%、11.21%；规模农户中分别有 41 户、39 户、14 户的最大麦地地块为好地、中等地、差地，分别占规模农户总数的 43.62%、41.49%、14.89%；普通农户分别有 69 户、57 户、12 户的最大麦地地块为好地、中等地、差地，分别占普通农户样本数的 50.00%、41.30%、8.70%。

（3）信息与技术可得性。样本户中有 72 户科技示范户，规模农户和普通农户中分别有 28 户和 44 户科技示范户，分别占全部样本户、规模农户和普通农户的 31.03%、29.79%、31.88%。最近 3 年内样本户参加农业技术培训的次数平均为 2.28 次，规模农户和普通农户参加农业技术培训的平均次数分别为 2.17 次和 2.35 次。样本户有 61 户参加了各种形式的农民专业合作社，规模农户和普通农户分别有 31 户和 30 户参加了合作社，分别占全部样本户、规模农户和普通农户的 26.29%、32.98%、21.74%。

（4）种植制度。泉源乡、磁窑镇、伏山镇为小麦—玉米轮作种植制度，花园乡、归昌乡为小麦—水稻轮作种植制度。样本户中，麦—玉轮作和麦—稻轮作分别为 115 户和 117 户，分别占 49.57% 和 50.43%；规模农户和普通农户分别有 43 户和 72 户从事麦—玉轮作种植，分别占到规模农户和普通农户的 45.74% 和 52.17%。

3. 低碳视角下不同类型农户施肥行为特征

表 4-5 总结了全部样本农户、规模农户和普通农户的施肥行为特征。

表 4-5    不同类型农户施肥行为特征

| 指标 | 全部样本农户 | 规模农户 | 普通农户 |
|---|---|---|---|
| 化肥费用（元/hm²） | 2671.88 | 2678.46 | 2667.39 |
| 施用化肥次数（次） | 1.97 | 1.98 | 1.96 |
| 小麦单产（kg/hm²） | 6629.68 | 6551.17 | 6683.15 |
| 机械施肥农户数量/比例（户/%） | 116（50.00） | 69（73.40） | 47（34.06） |
| 雇人施肥农户数量/比例（户/%） | 60（25.86） | 55（58.51） | 5（3.62） |
| 测土配方施肥农户数量/比例（户/%） | 126（54.31） | 65（69.15） | 61（44.20） |
| 施用农家肥农户数量/比例（户/%） | 28（12.07） | 16（17.02） | 12（8.70） |

数据来源：笔者调研。

由表 4-5 可以看出：第一，规模农户的单位面积化肥投入费用与普通农户大致相当，前者比后者高 11.07 元/hm²。二者施用化肥的次数也大致相当，均在 2 次/季左右。规模农户的小麦单产略低于普通农户，前者是后者的 98.03%。第二，规模农户采用机械施肥的比例明显高于普通农户。样本户平均施肥次数约 2 次/季，即底肥和 1 次追肥。50% 的样本户底肥施用方式为机械施肥，规模农户机械施肥的比例达 73.40%，普通农户为 34.06%。追肥方式多为人工，58.51% 的规模农户雇人施肥，普通农户以自家劳动力施肥为主，仅有 5 户即 3.62% 的普通农户雇人施肥。第三，规模农户采用测土配方施肥技术的比例高于普通农户。54.31% 的样本户采用了测土配方施肥技术，规模农户有 69.15% 采用了测土配方施肥技术，普通农户采用该技术的比例是 44.20%。样本户施用农家肥的比例偏低，仅为 12.07%；规模农户略高于普通农户，二者分别为 17.02% 和 8.70%。

从施肥行为特征和单位产出综合看，规模农户采用机械施肥、测土配方施肥技术以及雇人施肥和施用农家肥的比例均高于普通农户，二者施用化肥的次数和费用大致相当，规模农户的小麦单产略低于普通农户。

4. 解释变量的描述性统计

解释变量的含义及描述性统计特征如表 4-6 所示。

表 4-6　解释变量的描述性统计

| 变量类别 | 变量名称 | 含义及备注 | 均值 | 标准差 |
|---|---|---|---|---|
| 农地资源禀赋 | 是否为规模农户 | 规模农户=1；普通农户=0 | 0.405 | 0.492 |
| | 耕地面积 | 家庭经营耕地面积（hm²） | 3.951 | 10.327 |
| | 地块面积 | 最大麦地地块面积（hm²） | 1.599 | 3.092 |
| | 地块质量 | 差地=1；中等地=2；好地=3 | 2.362 | 0.676 |
| 其他经营特征 | 种粮收入占家庭收入比重 | 种粮收入/家庭收入（%） | 0.623 | 0.326 |
| | 小麦面积占耕地面积比重 | 小麦面积/耕地面积（%） | 0.963 | 0.114 |
| | 是否施用农家肥 | 近3年施过农家肥=1；否=0 | 0.121 | 0.326 |
| | 是否测土配方施肥 | 是=1；否=0 | 0.543 | 0.499 |
| | 是否深松 | 近3年深松过=1；否=0 | 0.328 | 0.470 |
| 务农人口特征 | 主要务农人口年龄 | 实际周岁（岁） | 51.763 | 10.329 |
| | 主要务农人口受教育年限 | 实际年数（年） | 8.379 | 2.833 |
| 信息与技术可得性 | 是否为科技示范户 | 是=1；否=0 | 0.310 | 0.464 |
| | 参加农技培训次数 | 近3年参加农技培训次数（次） | 2.276 | 2.163 |
| | 是否为合作社成员 | 是=1；否=0 | 0.263 | 0.441 |
| 地域变量 | 种植制度 | 麦—玉轮作=1；麦—稻轮作=0 | 0.496 | 0.501 |
| | 调查区域 | 郯城县=1；宁阳县=0 | 0.685 | 0.465 |

# 四、结果与分析

## 1. 农户化肥投入影响因素模型

用单位面积化肥投入费用衡量农户化肥施用状况，分析不同类型农户化肥投入的影响因素。使用 Stata13.1，得到的模型估计结果如表 4-7 所示。

表 4-7　化肥投入费用影响因素模型估计结果

| 变量/模型 | （1）全部样本户 | | （2）规模农户 | | （3）普通农户 | |
|---|---|---|---|---|---|---|
| | 系数 | t 值 | 系数 | t 值 | 系数 | t 值 |
| 是否规模农户 | 0.0323 | 0.76 | — | — | — | — |
| 地块面积 | −0.00856 | −1.26 | −0.00615 | −1.01 | 0.0592 | 0.47 |
| 地块质量 | −0.0168 | −0.62 | −0.00679 | −0.20 | −0.0316 | −0.74 |

| 变量/模型 | （1）全部样本户 | | （2）规模农户 | | （3）普通农户 | |
|---|---|---|---|---|---|---|
| | 系数 | t值 | 系数 | t值 | 系数 | t值 |
| 种粮收入比重 | 0.0159 | 0.28 | −0.0840 | −0.97 | 0.0495 | 0.64 |
| 是否施用农家肥 | 0.0810 | 1.46 | 0.0250 | 0.39 | 0.155* | 1.70 |
| 是否测土配方施肥 | −0.0117 | −0.31 | −0.0693 | −1.24 | 0.0155 | 0.29 |
| 是否深松 | −0.0380 | −0.94 | 0.0444 | 0.84 | −0.102* | −1.69 |
| 主要务农人口年龄 | 0.000748 | 0.39 | 0.00130 | 0.49 | 0.000864 | 0.31 |
| 主要务农人口受教育年限 | −0.00456 | −0.66 | −0.00466 | −0.54 | −0.00332 | −0.32 |
| 是否科技示范户 | 0.00871 | 0.20 | 0.00125 | 0.02 | 0.0102 | 0.17 |
| 参加农技培训次数 | −0.0152 | −1.57 | −0.00426 | −0.23 | −0.0155 | −1.28 |
| 是否参加合作社 | 0.123** | 2.47 | 0.0546 | 0.75 | 0.171** | 2.29 |
| 种植制度 | 0.0556 | 1.48 | 0.0399 | 0.77 | 0.0689 | 1.24 |
| _cons | 7.866*** | 48.14 | 7.935*** | 37.17 | 7.828*** | 32.60 |
| N | 232 | | 94 | | 138 | |
| F statistic | 1.08 | | 0.62 | | 1.18 | |
| Prob.>F | 0.3740 | | 0.8176 | | 0.3076 | |
| Adjusted R² | 0.0047 | | −0.0513 | | 0.0152 | |

注：***、**、*分别表示在1%、5%和10%的统计水平上显著。

根据表4-7，对于全部样本户、规模农户、普通农户3组样本，化肥投入费用影响因素模型在整体上都不显著，说明化肥投入费用与这些变量间不存在因果关系，不能用这些变量来解释农户化肥投入费用。本部分仅把模型估计结果列出，不再进行结果分析。

2. 测土配方施肥技术采用决策模型

用是否采用测土配方施肥技术作为被解释变量，分析不同规模农户采用测土配方施肥技术的影响因素。使用Stata13.1，得到的模型估计结果如表4-8所示。总体看，模型拟合程度较好，本节关心的部分影响因素通过了显著性检验，可用来解释农户测土配方施肥决策的影响因素。

根据表4-8，对估计结果做如下分析：

（1）农地资源禀赋变量中，规模农户采用测土配方施肥技术的可能性显著高于普通农户，在1%的置信水平上显著，说明规模经营有利于农户

表4–8 测土配方施肥技术采用模型估计结果

| 变量/模型 | （1）全部样本户 | | （2）规模农户 | | （3）普通农户 | |
|---|---|---|---|---|---|---|
| | 系数 | Z值 | 系数 | Z值 | 系数 | Z值 |
| 是否规模农户 | 0.936*** | 2.78 | — | — | — | — |
| 耕地面积 | — | — | 0.035 | 0.55 | 0.333 | 0.80 |
| 小麦面积比重 | 1.295 | 1.01 | 4.133** | 2.15 | −2.652 | −1.08 |
| 是否参加合作社 | 0.528 | 1.45 | 0.995* | 1.65 | 0.299 | 0.56 |
| 主要务农人口年龄 | 0.015 | 0.89 | 0.029 | 0.80 | 0.014 | 0.70 |
| 主要务农人口受教育年限 | 0.067 | 1.17 | −0.064 | −0.46 | 0.093 | 1.43 |
| 调查区域 | 1.576*** | 4.82 | 2.726*** | 4.27 | 0.862** | 2.00 |
| _cons | −3.986** | −2.44 | −6.522** | −2.19 | −0.028 | −0.01 |
| N | 232 | | 94 | | 138 | |
| Log likelihood | −136.7724 | | −40.8543 | | −88.0610 | |
| LR chi2（6） | 46.35*** | | 34.46*** | | 13.33** | |
| Prob. > chi2 | 0.0000 | | 0.0000 | | 0.0381 | |
| Pseudo R² | 0.1449 | | 0.2966 | | 0.0703 | |
| Correctly classified | 68.10% | | 81.91% | | 62.32% | |

注：***、**、*分别表示在1%、5%和10%的统计水平上显著。

采用测土配方施肥技术。而规模农户和普通农户内部，经营耕地面积增加对其采用测土配方施肥技术的影响并不显著，说明对于普通农户，耕地面积增加需要达到规模经营的最低面积才会对测土配方施肥技术采用产生显著促进作用；对于规模农户，达到规模经营下限后再增加耕地面积对测土配方施肥技术采用的影响不再显著。

（2）对于规模农户，表征专业化程度的小麦面积比重在5%的置信水平上显著，说明规模农户提高种植的专业化程度有利于其采用测土配方施肥技术。种植专业化程度对于普通农户以及全部样本户采用测土配方施肥技术的影响不显著。

（3）对于规模农户，参加合作社对其采用测土配方施肥技术具有正向影响，在10%的置信水平上显著。对于普通农户和全部样本户组别，参加合作社对其采用测土配方施肥技术的影响方向也为正，但是在统计上不显著，说明参加合作社对普通农户采用测土配方施肥技术的促进作用不明显。

（4）主要务农人口基本特征变量中，家庭主要务农人口的年龄和受教育年限对于规模农户、普通农户以及全部样本户采用测土配方施肥技术都没有显著影响。

（5）地域变量对农户采用测土配方施肥技术具有显著影响。对于规模农户、普通农户以及全部样本户，郯城县样本农户采用测土配方施肥技术的概率均显著高于宁阳县样本农户，分别在1%、5%和1%的置信水平上显著。相对于宁阳县，郯城县测土配方施肥技术的普及程度更高。

# 五、结论与启示

## 1. 主要结论

本节基于山东省郯城县和宁阳县小麦种植户的调查数据，总结和比较了规模农户和普通农户的施肥行为特征。在此基础上，分别利用多元线性回归模型和二元 Logit 模型分析了不同类型农户化肥投入费用和测土配方施肥技术采用决策的影响因素。除化肥投入影响因素模型整体上不显著外，通过描述统计分析和测土配方施肥技术采用决策的计量模型分析得出如下主要结论：

第一，根据描述统计分析，规模农户采用机械施肥技术、测土配方施肥技术以及雇人施肥和施用农家肥的比例均高于普通农户，规模农户和普通农户施用化肥的次数和费用大致相当，规模农户的小麦单产略低于普通农户。

第二，规模农户采用测土配方施肥技术的可能性显著高于普通农户。规模农户和普通农户内部，扩大耕地面积对于促进两组农户采用测土配方施肥技术的作用并不显著。对于规模农户，提高小麦种植面积比重，或者说提高种植的专业化程度能够促进其采用测土配方施肥技术。

第三，参加合作社对于规模农户采用测土配方施肥技术具有显著促进作用，但其对于普通农户和全体样本户组别采用测土配方施肥技术的促进作用不明显。调查地域显著影响农户测土配方施肥技术采用。对于规模农户、普通农户以及全部样本户，郯城县样本农户采用测土配方施肥技术的概率均高于宁阳县样本农户。

## 2. 政策启示

基于上述研究结果，得出如下政策启示：

第一，规模农户和普通农户在主体性质、经营规模、种粮目的等诸多方面存在较大差别，其施肥行为也存在明显差别，因此在制定相关政策促进化肥减量和低碳施肥技术采用时，应当考虑到这种差别，制定有针对性的政策措施。对于规模农户，应提高其专业化程度，政府通过宣传引导、政策倾斜等措施促使规模农户向作物和品种专业化、产品优质化方向发展；对于普通农户，可通过土地托管、联耕联种等方式扩大服务规模，因此需要着力推进社会化服务的供给。

第二，参加合作社对不同类型农户采用测土配方施肥技术的促进作用并不相同，其中规模农户参加合作社对其采用测土配方施肥技术具有显著的促进作用，但普通农户参加合作社对其采用测土配方施肥技术的促进作用在统计上并不显著。虽然目前很多合作社还有待规范化，但其在组织农户对接市场以及技术推广等方面已经表现出一定的作用，所以应继续采取措施促进合作社的发展，同时不仅要重视规模农户，还应充分发挥合作社对小农户的带动作用。

## 第三节　非农就业、农地流转与农户低碳施肥技术采用

农村劳动力流动和进城务工经商，为发展现代农业和促进农民增收开辟了新的空间，工资性收入成为 21 世纪以来我国农民收入增长的重要支柱。与 2002 年相比，到 2011 年底我国农业劳动力数量减少了 7000 多万人，乡村劳动力中从事农业的比重降低了 12 个百分点以上，平均每个农业劳动力实际经营的耕地面积由此扩大了 20% 以上。2011 年，全国农民人均纯收入中的工资性收入达到 2963.4 元，占人均纯收入总额的 42.5%；与 2000 年相比，农民人均工资性收入增加了 2261.1 元，同期农民人均家庭经营的收入增加了 1794.7 元，前者在人均纯收入中的比重提高了 11.3 个百分点，后者下降了 17.2 个百分点。

非农就业、农地流转与农户农业投资间的关系，尤其是与农户长期投资间的关系一直是广受关注的问题。肥料作为农户十分重要的农业投资，由于化肥的较高隐含碳而成为最主要的农业碳排放来源之一。与化肥相

比，农家肥属于长期投资，在提高并保持土壤肥力的同时，具有低碳排放的环境效应。在提倡低碳农业的背景下，研究非农就业、农地流转与农家肥施用和化肥碳排放之间的关系被赋予了新的含义。

很多学者从不同角度出发实证检验了非农就业、农地流转与农业投资间的关系。现有研究强调土地产权对农户农业投资的影响，这类研究大多认为，产权的不稳定对有机肥等附着于土地的长期投入具有负面效应，而对化肥等短期投入的影响不确定。例如，姚洋（1998）通过对绿肥种植密度的研究，得出稳定的地权对绿肥等中长期投入有显著的推动作用，而对化肥等短期投入无影响的结论；何凌云和黄季焜（2001）对广东省的研究表明，土地使用权越稳定，农户越倾向于多施有机肥和少施化肥；马贤磊（2009）对江西省稻农数据的研究也表明，稳定的土地产权能够激励农户进行施用农家肥等土壤保护性投资。

也有一些研究认为，土地产权对农业投资的负面影响没有那么大。例如，Kung（2000）认为，家庭联产承包责任制下土地使用权的不安全性对农业投资和农业生产率的消极影响并不明显；许庆和章元（2005）的研究表明，土地产权对农户农家肥施用量没有什么影响，对农户长期投资激励最有影响力的因素可能在土地制度之外，如粮食收购价格、农业生产资料价格、非农就业机会、户籍制度等；陈铁和孟令杰（2007）对江苏省调查数据的研究表明，除2000~2005年的土地大调整对农家肥的施用强度有显著影响外，土地调整对农户长期投资的影响并不显著，而产生显著影响的是非农收入比重；钟甫宁和纪月清（2009）的研究进一步表明，地权稳定性对农户农业投资总量没有显著的直接影响，增加非农就业机会才能真正扩大农户经营规模、提高土地经营收益，从而促进农户的农业投资。

另一些学者从非农就业出发，探讨其对农地流转和农业投资的影响。姚洋（1999）对浙江省三个县的研究表明，非农就业结构影响土地租赁市场发育，较自由的劳动力市场能促进土地租赁；钱忠好（2008）认为，非农就业并不必然导致农地流转，基于家庭收益最大化的考虑，家庭内部分工和兼业经营是一种理性选择；De Brauw 和 Scott Rozelle（2008）对2000年中国农户的流动和投资的研究表明，劳动力流动对农户生产性投资没有显著影响；李明艳等（2010）将非农就业影响农业投资的过程分为两个阶段，第一阶段获得非农就业机会的农户做出兼业经营或流转土地的决策，第二阶段兼业农户和专业农户做出施用农家肥等农业投资的决策，其研究表明非农收入增加对农户是否施用农家肥没有显著影响。

非农就业、农地流转与农户农家肥施用行为以及化肥碳排放程度之间具有何种关系？施用农家肥是否会对农户的化肥施用行为及化肥引起的碳排放产生影响？本节试图研究上述问题。本节利用辽宁省辽中县水稻种植户的调查数据，从农业劳动力非农就业背景下的低碳农业发展出发，考察非农就业所导致的不同土地处置方式及其对农户农家肥施用行为的影响，继而进一步研究施用农家肥等因素对农户化肥碳排放的影响。

# 一、研究方法与数据来源

## 1. 分析框架

（1）非农就业导致农户对兼业经营和农地流转的选择。随着工业化、城镇化的推进，大量农业劳动力外出务工或在本地从事非农产业，这使得农地流转和扩大农户经营规模成为可能。中央政府已经规定农户的土地租赁权不受限制，此时地权稳定性对土地租赁的影响很小，非农就业机会才是影响农地流转的主要原因。[①] 以下将以农业劳动力流动和非农就业为出发点，探讨非农就业背景下，不同土地处置方式对农户农家肥施用的影响。

从农户土地转出行为分析，农业劳动力流动和非农就业将导致两种结果：一种是农户将土地全部转出，不再从事农业生产；另一种是农户转出部分土地、保留部分土地，或不转出土地，从事兼业经营。农户在城镇二、三产业中就业越稳定、收入越高，农地流转的意愿就越强，从而越可能出现第一种结果；如果没有充分的非农就业机会，则农户不敢轻易把农地流转出去，只愿意部分转出或完全不转出土地，毕竟土地是中国大部分农户的生活和就业保障，这时将出现第二种结果。

从农户土地转入行为分析，农户家庭初始经营土地规模以及由非农就业状况决定的农业收入对其家庭收入的重要性，是农户转入土地的主要经济激励，但这种转入行为受其家庭劳动力资源禀赋和非农就业机会成本的影响。农户通过综合考虑其家庭劳动力资源禀赋、非农就业机会和既有土地规模来决定是否转入土地及转入规模。家庭初始土地经营规模越大、劳

---

[①] 钟甫宁、纪月清：《土地产权、非农就业机会与农户农业生产投资》，《经济研究》2009 年第 12 期。

动力资源越充裕，就越有动力转入土地；土地越细碎化、非农就业机会越多、非农收入占家庭收入的比重越大，农户转入土地的动力就越弱。

综合农户土地转出和转入行为，非农就业和农地流转将产生以下四种经营形式：第一种是农户获得稳定的非农就业机会，完全退出农业生产；第二种是非农收入在农户家庭收入中占重要地位，农户净转出土地，但仍保留部分土地，进行兼业经营；第三种是农户有非农就业机会，但未转入或转出土地，进行兼业经营；第四种是农户有非农就业机会，但农业收入仍占重要地位，农户净转入土地。此外，还有两种没有非农就业的经营形式：转入土地、扩大经营规模和不转入土地、保持原有规模。

根据本节研究目的，本节主要考察非农就业所导致的两种土地处置方式对农户农家肥施用的影响。第一类农户已经退出农业生产，而将土地转包给其他农户，非农就业和农地流转对于农家肥施用的影响将体现在转入农户的行为中；第二类农户转出部分土地，农地流转对农家肥施用的影响将由转入方体现，本节主要考察其在兼业经营土地上的施肥行为；第三类农户没有转入或转出土地，只考察兼业经营的影响；第四类农户经营的土地包括转入的土地和家庭初始经营的土地，本节将分别考察兼业经营和农地流转对农家肥施用的影响。

（2）兼业和不同土地处置方式对农户农家肥施用行为的影响。以下部分主要考察兼业经营和农地流转两种土地处置方式对其农家肥施用的影响。概括地看，农户施用的肥料可以分为化学肥料和有机肥料两大类，广义上的有机肥也称为农家肥，由人畜粪便、秸秆、动物残体等组成，另外还包括绿肥、饼肥、厩肥、沼渣肥、堆沤肥等；狭义上的有机肥专指各种动物废弃物和植物残体经过一定的加工工艺形成的一类肥料。本节只研究广义有机肥中的农家肥，不包括购买的经过加工工艺形成的精制有机肥、腐殖酸等。

化肥是一种短期投入，体积小、重量轻，对劳动投入要求不高；而农家肥属于长期投入，有效期一般3~5年，多来源于人畜粪便，需要较多的劳动投入。20世纪后期以来，随着化肥使用的日益普遍，传统农家肥受到冷落，施用的农户和施用量均不断减少。农户在做出施用农家肥这一长期投资决策时会比较其成本收益，如果农户非农就业机会较多，施用农家肥的劳动力机会成本较高，则农户可能放弃收集和使用农家肥。因此，兼业经营可能影响农户施用农家肥。

兼业经营的农户，在获得充分的非农就业机会后，将部分或全部转出土地。一些劳动力资源充裕、初始土地经营规模已经较大、种植业收入对其家庭收入比较重要的农户转入土地。较之转出土地和没有发生农地流转的农户，这些转入土地的农户往往农业收入比重较高，大部分以农业为主，在其进行肥料施用决策时，劳动力机会成本已不是最先考虑的问题。由于土地转入户一般经营着两种产权类型的土地（本节将自留地和口粮田、开荒地与承包地归为一类，即初始土地，另一种为转包土地），这时存在土地产权是否影响农户肥料施用的问题。本节暂不考虑农户是否会区别对待初始土地和转包土地，而将重点放在土地转入对农户施肥行为的影响。

（3）兼业和是否施用农家肥对农户化肥施用行为及化肥碳排放的影响。在化肥普及以前，农家肥是我国农户施用的主要肥料。化肥在 20 世纪初进入中国，20 世纪 20~30 年代在沿海地区施用量逐渐增多，但在 20 世纪 50~60 年代以前，一直以农家肥为主；80 年代后主要推广化肥，农家肥用量日益减少。进入 21 世纪，化肥生产量和施用量都已跃居世界第一，化肥占中国肥料施用量的 90% 以上。[①] 化肥对提高单产作用十分显著，但是长期施用化肥在降低土壤肥力的同时，产生较高的碳排放，对气候变化和农业可持续发展产生不利影响。

化肥推广初期中国肥料应用以农家肥为主，农家肥主要是作为化肥的替代品。目前化肥已占据中国肥料施用量 90% 以上，随着化肥和农家肥施用量比例的变化，化肥和农家肥间的替代关系减弱，表现出互补关系。当前情况下，化肥和农家肥之间既存在替代关系又存在互补关系，二者共同发挥作用。化肥施用数量和结构决定了化肥产生的碳排放，因此农家肥施用将会影响农户的化肥碳排放。本研究认为施用农家肥将减少化肥施用数量，但是对化肥施用结构的影响不确定，由于化肥碳排放不仅受到化肥施用数量的影响，还受化肥施用结构的影响，二者的综合作用不确定，因此本研究认为施用农家肥降低农户化肥碳排放的可能性较大。

基于上述分析，本节提出如下假说：非农就业导致兼业经营和农地流转并存，非农就业机会越多、非农收入比重越大，农户施用农家肥的可能性就越小。非农就业机会的不断扩大、非农收入比重的不断提高，终将促使一些农户退出农业，导致农地流转和规模经营。农地流转对农户施用农

---

① 过慈明、惠富平：《近代江南地区化肥和有机肥使用变化研究》，《中国农史》2012 年第 1 期。

家肥有负面影响，随着转包地占其家庭经营土地面积比重的提高，农户施用农家肥的可能性将越来越小。施用农家肥对农户化肥碳排放程度的影响不确定，减少农户化肥碳排放的可能性较大，而非农就业和农地流转将提高农户施用化肥引起的碳排放程度。

2. 数据来源与描述性统计分析

本节的数据来源来自于 2012 年 5 月对辽宁省辽中县 3 个镇 5 个村水稻种植户的调查。本次调查一共获得了 118 份问卷，其中有效样本数据 115 份，包括 108 份水稻种植户（75 户纯稻农，33 户稻玉兼营户）、5 份玉米种植户（只种玉米）和 2 份土地完全转出户。本节使用了其中的 108 份水稻种植户调查数据。样本户及其种植面积的分布情况与统计特征见第 3 章第 2~3 节，本节不再赘述。

样本户非农就业、农地流转、农家肥施用行为、化肥碳排放行为及其生产经营特征的描述分析如下：

（1）样本户的农地流转情况及稻农的生产经营特征。农地流转包括土地转入和转出，调查中有 24 户稻农转入土地（21 户纯转入土地，3 户既转入又转出）、2 户纯转出土地、82 户不存在农地流转。其中，有 3 户稻农在转入土地的同时又转出土地，这 3 户既转入土地又转出土地的稻农均位于肖北村，水稻种植面积分别为 6.67hm²、6.67hm² 和 13.33hm²，均以转入土地为主，转入土地分别占其经营土地面积的 94%、100% 和 100%，同时将其承包土地全部或部分转出，转出土地分别为 0.13hm²、0.4hm² 和 0.67hm²，因此本节主要将其作为转入土地户研究。各种农地流转类型稻农的分布及生产经营特征如表 4-9 所示。

表 4-9  各种农地流转类型稻农的分布及其生产经营特征

| 农地流转类型 | 户数（户） | 比例（%） | 农户类型分布（户数比） | 平均水稻面积（hm²） | 平均地块数（块） | 养殖户（户） | 种经济作物（户） | 纯稻农（户） |
|---|---|---|---|---|---|---|---|---|
| 转入土地户 | 24 | 22.22 | 14：9：1 | 4.81 | 2.25 | 4 | 3 | 19 |
| 纯转出土地户 | 2 | 1.85 | 2：0：0 | 0.37 | 2.50 | 2 | 0 | 1 |
| 无农地流转户 | 82 | 75.93 | 56：15：11 | 0.92 | 1.71 | 19 | 10 | 55 |
| 转入且转出户 | 3 | 2.78 | 3：0：0 | 8.89 | 1.00 | 0 | 0 | 3 |

注：农户类型分布（户数比）表示每一农地流转类型的稻农是纯农户、Ⅰ兼户或Ⅱ兼户的户数；本表中的养殖户既包括畜禽养殖也包括水产养殖；经济作物包括棚菜、果园和油料作物等；纯稻农指只种水稻—种粮食作物的稻农（不种玉米）。

数据来源：笔者调研。

由表4-9可知，2户纯转出土地稻农均为纯农户，且均为养殖户（均养殖畜禽），其中1户为稻玉兼营户，1户为纯稻农，2户农户的平均水稻种植面积为0.37hm²，明显低于其他农地流转类型。3户既转入又转出土地的稻农也均为纯农户，既不养殖也不种植经济作物和玉米，收入来源完全依靠种植水稻，其平均水稻种植面积为8.89hm²，明显高于其他农地流转类型。

转入土地和无农地流转的稻农分别为24户和82户，2种农地流转类型的农户类型即纯农户、Ⅰ兼户、Ⅱ兼户的户数分别为14户、9户、1户和56户、15户、11户，占各类型的比例分别为58.33%、37.50%、4.17%和68.29%、18.29%、13.42%，转入土地户的Ⅰ兼户比例高于无流转户，纯农户和Ⅱ兼户比例低于无流转户。纯农户、Ⅰ兼户、Ⅱ兼户转入土地的比例分别为19.44%、37.50%、8.33%，Ⅰ兼户最易转入土地，因其既有经济实力又以农业为主，其次是纯农户和Ⅱ兼户，纯农户主要是缺乏经济实力难以扩大规模，Ⅱ兼户主要是以非农业为主，农业已经副业化。转入土地稻农的平均水稻种植面积为4.81hm²，纯转出土地和无农地流转稻农的平均水稻种植面积分别为0.37hm²和0.92hm²，转入土地稻农具有较大的水稻经营规模。

转入土地稻农的平均地块数为2.25块，无农地流转稻农的平均地块数为1.71块，转入土地提高了稻农的平均地块数；进一步计算得到单位地块的水稻种植面积，从单位地块的平均水稻种植面积看，转入土地稻农的单位地块水稻种植面积为2.14hm²，纯土地转出户和无农地流转稻农的单位地块平均水稻种植面积分别为0.15hm²和0.54hm²，远小于转入土地稻农，可见农地流转在提高单位地块的种植面积和减小土地细碎化程度方面具有显著作用。

转入土地和无农地流转的纯稻农分别为19户和55户，分别占各自类型的79.17%和67.07%，转入土地户的纯稻农比例高于无农地流转户。转入土地稻农中有3户种植经济作物（2户种棚菜，1户种花生），占12.50%；无农地流转稻农中有10户种植经济作物（9户种棚菜，1户种果园），占12.20%；两种农地流转类型稻农中种植经济作物的比例相当。转入土地的稻农中有4户从事养殖业（3户养殖畜禽，1户养鱼），占16.67%；无农地流转稻农中有19户从事养殖业（18户养殖畜禽，1户养鱼），占23.17%；无农地流转稻农从事养殖业的比例高于转入土地稻农。

转入土地稻农在平均水稻种植面积、单位地块的平均水稻种植面积、Ⅰ兼户比例和纯稻农比例方面高于无农地流转稻农，在养殖户比例、Ⅱ兼户比例和纯农户比例方面低于无农地流转稻农，两类稻农种植经济作物的比例相当。

（2）样本户的农家肥施用情况及稻农的生产经营特征。调查地区是商品粮基地县，菜篮子先进县、渔业生产先进县、瘦肉猪生产基地和肉鸡生产基地，拥有两个黄牛交易市场，肉牛、肉猪、肉鸡、淡水鱼养殖业比较发达。调查的稻农施用的农家肥主要是牛、猪和禽类粪便。样本户中，2011~2012年施用过农家肥的稻农为37户，占样本总数的34.26%；未施用过农家肥的稻农为71户，占样本总数的65.74%。在劳动力从事非农就业和化肥普遍使用的情况下，不施用农家肥的稻农已经接近施用农家肥稻农的2倍。按是否施用农家肥划分的稻农分布及其生产经营特征如表4-10所示。

表4-10　施用农家肥稻农的分布及其生产经营特征

| 是否施农家肥 | 户数（户） | 比例（%） | 农户类型分布（户数比） | 转入土地户（户） | 平均水稻面积（hm²） | 平均地块数（块） | 养殖户（户） | 种经济作物（户） |
|---|---|---|---|---|---|---|---|---|
| 施农家肥 | 37 | 34.26 | 24：10：3 | 7 | 2.45 | 1.70 | 20 | 1 |
| 不施农家肥 | 71 | 65.74 | 48：14：9 | 17 | 1.42 | 1.92 | 5 | 12 |

注：由于农家肥的有效期为3~5年，一般每2~3年施用一次即可，因此本表中是否施用农家肥指最近2年是否施用过农家肥。
数据来源：笔者调研。

由表4-10可知，37户施用农家肥的稻农中，纯农户、Ⅰ兼户、Ⅱ兼户分别为24户、10户、3户，分别占64.86%、27.03%、8.11%；71户不施用农家肥的稻农中，纯农户、Ⅰ兼户、Ⅱ兼户分别为48户、14户、9户，分别占67.61%、19.72%、12.68%；施用农家肥和不施用农家肥稻农中的纯农户比重相当，施用农家肥稻农中的Ⅰ兼户比重高于不施用农家肥稻农中的Ⅰ兼户比重，而Ⅱ兼户比重低于不施农家肥的稻农。72户纯农户中有24户施用农家肥、48户不施用农家肥，分别占纯农户的33.33%和66.67%；24户Ⅰ兼户中有10户施用农家肥和14户不施用农家肥，分别占Ⅰ兼户的41.67%和58.33%；12户Ⅱ兼户中有3户施用农家肥和9户不施用农家肥，分别占Ⅱ兼户的25.00%和75.00%；Ⅰ兼户施用农家肥的比重最高，其次是纯农户和Ⅱ兼户。

　　施用农家肥的稻农中，有 7 户转入土地，占施用农家肥稻农的 18.92%；不施用农家肥的稻农中，有 17 户转入土地，占不施用农家肥稻农的 23.94%；施用农家肥的转入土地户和不施用农家肥的土地转入户分别占转入土地户的 29.17% 和 70.83%，转入土地户以不施用农家肥为主。施用农家肥稻农的平均水稻种植面积为 2.45hm²，不施用农家肥稻农的平均水稻种植面积为 1.42hm²，前者是后者的 1.73 倍。施用农家肥稻农的平均地块数为 1.70 块，不施用农家肥稻农的平均地块数为 1.92 块，前者略小于后者。由平均水稻种植面积和地块数得到单位地块的平均水稻种植面积，施用农家肥稻农的单位地块水稻种植面积为 1.44hm²，不施用农家肥稻农的单位地块水稻种植面积为 0.74hm²，前者接近后者的二倍。可见，施用农家肥稻农在水稻种植规模和地块集中程度方面均高于不施用农家肥稻农。

　　施用农家肥稻农中有 20 户从事养殖业（19 户养殖畜禽，1 户养鱼），占 54.05%；不施用农家肥稻农中有 5 户从事养殖业（4 户养殖畜禽，1 户养鱼），占 7.04%；养殖户中施用农家肥稻农和不施用农家肥稻农分别占养殖户的 80.00% 和 20.00%，养殖户以施用农家肥为主。施用农家肥稻农中有 1 户种植经济作物（种植棚菜），占 2.70%；不施用农家肥稻农中有 12 户种植经济作物（10 户种植棚菜，1 户种植花生，1 户种植果园），占 16.90%；施用农家肥和不施用农家肥稻农分别占种植经济作物稻农的 7.69% 和 92.31%，种植经济作物稻农以不施用农家肥为主。

　　（3）样本户的化肥碳排放情况及稻农的生产经营特征。化肥碳排放包括两部分：氮肥引起的 $N_2O$ 排放和化肥隐含碳。样本户中有 67 户施用氮肥，34 户施用钾肥，108 户均施用复合肥，没有稻农单施磷肥。由化肥的折纯量和排放系数得到化肥的碳排放量。$N_2O$ 排放的平均值为 224.87kgCO$_2$e/hm²，化肥隐含碳的平均值为 598.36kgCO$_2$e/hm²，合计得到化肥碳排放的平均值为 823.23kgCO$_2$e/hm²。进一步分析得到，样本户化肥碳排放的最大值为 1567.32kgCO$_2$e/hm²，最小值为 430.34kgCO$_2$e/hm²，标准差为 271.21kgCO$_2$e/hm²，离散系数为 0.33。

　　为更直观地考察样本户化肥碳排放的分布，本节根据稻农化肥碳排放量进行聚类分析，将稻农分为低化肥碳排放、中化肥碳排放和高化肥碳排放 3 种程度。各种化肥碳排放程度稻农的分布及生产经营特征如表 4-11 所示。

表4-11　不同化肥碳排放程度稻农的分布及其生产经营特征

| 碳排放程度 | 聚类中心 (kgCO₂e/ hm²) | 户数 (户) | 比例 (%) | 农户类型 分布 (户数比) | 转入土 地户 (户) | 施农家 肥户 (户) | 平均水 稻面积 (hm²) | 平均地 块数 (块) |
|---|---|---|---|---|---|---|---|---|
| 低化肥碳排放 | 570.94 | 46 | 42.59 | 35：8：3 | 4 | 14 | 0.89 | 1.89 |
| 中化肥碳排放 | 894.84 | 41 | 37.96 | 21：13：7 | 11 | 13 | 1.87 | 1.90 |
| 高化肥碳排放 | 1236.05 | 21 | 19.45 | 16：3：2 | 9 | 10 | 3.54 | 1.62 |

数据来源：笔者调研。

由表4-11可知，低化肥碳排放稻农中有35户纯农户，占76.09%，Ⅰ兼户和Ⅱ兼户分别为8户和3户，分别占该类稻农的17.39%和6.52%；中化肥碳排放稻农中纯农户、Ⅰ兼户和Ⅱ兼户分别为21户、13户和7户，分别占该类稻农的51.22%、31.71%和17.07%；高化肥碳排放稻农中纯农户、Ⅰ兼户和Ⅱ兼户分别为16户、3户和2户，分别占该类稻农的76.19%、14.29%和9.52%；低化肥碳排放稻农和高化肥碳排放稻农的农户类型分布差距不大，而中化肥碳排放稻农中的纯农户比重较低，Ⅰ兼户和Ⅱ兼户比重较高。从各种农户类型的化肥碳排放程度看，纯农户的48.61%为低化肥碳排放，明显高于Ⅰ兼户和Ⅱ兼户，二者为低碳的比例分别为33.33%和25.00%；纯农户为低化肥碳排放的比例为29.17%，明显低于Ⅰ兼户和Ⅱ兼户，二者为中碳的比例分别为54.17%和58.33%。

低化肥碳排放、中化肥碳排放和高化肥碳排放稻农中分别有4户、11户、9户为转入土地户，分别占各种碳排放程度的8.70%、26.83%、42.86%，可见随着化肥碳排放程度的提高，转入土地户的比重也在提高。24户转入土地户中，低碳、中碳、高碳的比重分别为16.67%、45.83%、37.50%，转入土地户以中高碳为主。低化肥碳排放、中化肥碳排放和高化肥碳排放稻农中分别有14户、13户和10户施用过农家肥，占各碳排放类型的30.43%、31.71%、47.62%，高化肥碳排放稻农中施农家肥的比例高于中低排放，但差距不大。37户施农家肥稻农中，低碳、中碳、高碳的比重分别为37.84%、35.13%、27.03%，施用农家肥稻农以中低碳为主。

低化肥碳排放、中化肥碳排放和高化肥碳排放稻农的平均水稻种植面积分别为0.89hm²、1.87hm²、3.54hm²，碳排放程度与稻农的平均水稻种植面积正相关，平均水稻种植面积大的稻农碳排放程度较高。从低到高3种碳排放程度稻农的平均地块数分别为1.89块、1.90块、1.62块，不同碳排放类型的地块数并无明显差别。从块均水稻种植面积看，从低到高3种碳排放程度稻农的块均水稻面积分别为 0.47hm²、0.98hm²、2.19hm²，块均水稻面积大的稻农有较高的化肥碳排放，可能与各种碳排放程度稻农的平均地块数相近有关。

# 二、结果与分析

### 1. 实证模型建立与计量方法选择

（1）实证模型一：农地流转行为选择模型。本部分主要考察非农就业等因素对稻农农地流转行为的影响。样本户中有 24 户转入土地稻农、82 户无农地流转稻农，另有 2 户纯土地转出户。由于纯土地转出户数量较少，本部分将其和无农地流转稻农归为一类，和转入土地稻农相对应，为无土地转入户。

本部分以稻农是否转入土地作为被解释变量，被解释变量为二分类变量，因此本部分使用二元选择模型。假设随机干扰项服从标准正态分布，采用 Probit 模型：

$$P(y = 1 \mid x_1, x_2, \cdots, x_k) = F(\alpha + \beta_1 x_1 + \cdots + \beta_k x_k) \qquad (4-8)$$

其中，F 是标准正态分布函数。设稻农选择转入土地为 y = 1，不转入土地为 y = 0。设的概率为 $P = F(-x_i'\beta)$，y = 0 的概率为 $P = 1 - F(-x_i'\beta)$，用极大似然法（ML）估计模型参数。

在理论分析和描述性分析的基础上，本部分将稻农农地流转行为的影响因素归纳为非农就业、生产经营特征和农户特征 3 类，其中非农就业由非农收入和农户类型表示，生产经营特征由农业从业人数占家庭从业人数比重、水稻种植面积、地块块数、是否种植经济作物、是否养殖畜禽水产表示，农户特征由户主年龄和受教育程度表示。农业从业人数按 16 周岁以上且从事农业劳动计算，包括 60 周岁以上但从事农业生产的农户。转入土地稻农在西房身、寇家、许家、裴家乡 5 个村的分布为：西房身 3 户、寇家 2 户、许家 4 户、裴家乡 5 户、肖北 10 户，分别占各村样本户的 11.54%、12.50%、13.33%、19.23%、100.00%，占全部 24 户转入土地户的 12.50%、8.33%、16.67%、20.83、41.67%。肖北村土地已实现了完全流转，调查的 10 户均为转入土地户，考察土地转入的影响因素不再具有意义，故本节在这一部分只使用西房身、寇家、许家、裴家乡 4 个村 98 户稻农的样本数据，其中含 14 户转入土地户和 84 户未转入土地户。

本部分设置了寇家、许家、裴家乡 3 个村庄虚拟变量，分别以 kj、xj、pjx 表示，用以反映各村之间的差异。除村庄虚拟变量外，各主要解释变量的具体设置、统计特征及预期方向如表 4-12 所示。

表 4-12　解释变量设置及统计特征

| 影响因素 | 表征变量 | 类别 | 含义及备注 | 均值 | 标准差 | 离散系数 | 预期方向 |
|---|---|---|---|---|---|---|---|
| 非农就业 | 非农收入 $X_1$ | 连续 | 从事非农业的工资收入和自营非农收入（万元） | 0.65 | 1.52 | 2.35 | - |
| | Ⅰ 兼户 $X_2$ | 虚拟 | 1=是；0=否 | 0.22 | 0.42 | 0.53 | + |
| | Ⅱ 兼户 $X_3$ | 虚拟 | 1=是；0=否 | 0.11 | 0.32 | 2.84 | +/- |
| 生产经营特征 | 农业从业人数占家庭从业人数比 $X_4$ | 连续 | 根据实际调研数据计算（%） | 0.90 | 0.16 | 0.17 | + |
| | 水稻种植面积 $X_5$ | 连续 | 实际调研数据（hm²） | 1.77 | 2.57 | 1.45 | + |
| | 地块块数 $X_6$ | 连续 | 实际调研数据（块） | 1.84 | 1.16 | 0.63 | + |
| | 是否种经济作物 $X_7$ | 虚拟 | 1=是；0=否 | 0.12 | 0.33 | 2.72 | +/- |
| 农户特征 | 户主年龄 $X_8$ | 定序 | 1=40 岁以下；2=40~60 岁；3=60 岁以上 | 1.94 | 0.58 | 0.30 | - |
| | 户主受教育程度 $X_9$ | 定序 | 1=小学及以下；2=初中；3=高中及以上 | 1.74 | 0.70 | 0.40 | +/- |

从表 4-12 可知，农业从业人数占家庭从业人数比、户主年龄、户主受教育程度、Ⅰ 兼户的离散程度较小，Ⅱ 兼户、是否种经济作物的离散程度较大。根据前文的理论分析，非农收入绝对数越高的农户对土地的依赖性较低，转入土地的可能性越小。兼业既具有"兼业效应"，又具有"收入效应"，"兼业效应"中的粗放经营效应可能使农户对土地的依赖性减弱，降低农户转入土地的可能性；"收入效应"则会提高兼业户的依赖性，从而提高农户转入土地的可能性。本节预期 Ⅰ 兼户"收入效应"的作用大于"兼业效应"中的粗放经营效应，比纯农户更可能转入土地，

而Ⅱ兼户"兼业效应"中的粗放经营效应和"收入效应"综合作用效果不能确定。

根据钱忠好（2008）的研究，当非农就业机会出现后，家庭初始土地资源、家庭劳动者的劳动能力、农业与非农业的综合比较利益等决定农户是否流转土地，除非农收入和农户类型外，农业从业人数占家庭从业人数比重较高、现有土地面积较大、地块块数较多的农户很可能转入土地，农业从业人数比例较低、现有土地面积较小、地块块数较少的农户转入土地的可能性减小，而转出土地的可能性增大。随着年龄段的增大，农户劳动能力下降，转入土地的可能性降低。是否种经济作物和户主受教育程度的理论含义不明确，影响方向不确定。

因此，预期非农收入、户主年龄将对稻农转入土地行为产生负向影响，Ⅰ兼户、农业从业人数占家庭从业人数比、水稻种植面积、地块块数将对稻农转入土地行为产生正向影响，Ⅱ兼户、是否种经济作物、户主受教育程度的作用方向不能确定。

（2）实证模型二：农家肥施用行为选择模型。本部分的主要目的在于解释非农就业导致的兼业经营和农地流转对农户农家肥施用的影响。由于农家肥的种类和数量单位很难统一，难以计算其施用数量，故本部分仅对是否投入农家肥进行估计。

农家肥的有效期为3~5年，故本部分中具体的被解释变量为稻农在最近2年是否施用过农家肥。被解释变量为二分类变量，因此使用二元选择模型。假设随机干扰项服从标准正态分布，采用Probit模型，公式同式（4-8）。

农家肥效力持续时间较长，具体采用的被解释变量为农户在最近2年里是否施用过农家肥（y），不包括施用购买的生物有机肥、精制有机肥、腐殖酸等。解释变量包括非农就业、农地流转、其他生产经营特征、农户特征和村庄虚拟变量。除村庄虚拟变量外，各主要解释变量的具体设置、统计特征及预期方向如表4-13所示。

非农就业导致兼业经营，同时可能导致农地流转。本部分用农户类型代表非农就业的直接影响，农户类型按非农收入比重分为Ⅰ兼农户、Ⅱ兼农户和纯农户，非农户的非农收入比重为100%，其已退出农业生产，故不在本节研究范围内。本部分以两个虚拟变量区分Ⅰ兼农户、Ⅱ兼农户和纯农户，据此验证非农就业对农户施用农家肥的直接影响。

表 4-13　模型中各变量的定义及描述性统计

| 影响因素 | 表征变量 | 类别 | 定义与赋值 | 均值 | 标准差 | 离散系数 | 预期方向 |
|---|---|---|---|---|---|---|---|
| 非农就业 | Ⅰ 兼户 $X_1$ | 虚拟 | 1=Ⅰ兼户；0=其他 | 0.22 | 0.42 | 1.91 | + |
| | Ⅱ 兼户 $X_2$ | 虚拟 | 1=Ⅱ兼户；0=其他 | 0.11 | 0.32 | 2.91 | + |
| 农地流转 | 是否转入土地 $X_3$ | 虚拟 | 1=是；0=否 | 0.22 | 0.42 | 1.91 | − |
| 其他经营特征 | 水稻种植面积 $X_4$ | 连续 | 实际调研数据（$hm^2$） | 1.77 | 2.57 | 1.45 | + |
| | 家庭经营土地块数 $X_5$ | 连续 | 实际调研数据（块） | 1.84 | 1.16 | 0.63 | + |
| | 是否养殖 $X_6$ | 虚拟 | 1=是；0=否 | 0.23 | 0.42 | 1.83 | + |
| 农户特征 | 户主年龄 $X_7$ | 定序 | 1=40 岁以下；2=40~60 岁；3=60 岁以上 | 1.94 | 0.57 | 0.29 | +/− |
| | 户主受教育程度 $X_8$ | 定序 | 1=小学及以下；2=初中；3=高中及以上 | 0.21 | 0.41 | 1.95 | − |

除导致兼业经营外，农地流转也是影响农户农家肥施用行为的重要因素。本部分采用是否转入土地来作为农地流转变量，所用数据包含 24 户转入土地户和 84 户未转入土地户。对于转入土地的农户，需要检验的是转入土地是否影响农户的农家肥施用行为。

除兼业经营和农地流转以外，其他生产经营特征也可能影响农户的农家肥施用行为，主要包括家庭水稻种植面积、家庭经营土地的地块块数、是否养殖畜禽 3 个变量。家庭水稻种植面积较小的农户更可能参与非农就业，其施用农家肥的可能性较小，但同时水稻种植面积较小的农户也更可能集约化种植，从而更有可能施用农家肥，因此预期家庭水稻种植面积对农户施用农家肥的影响不确定。家庭经营地块块数越多，农户施用农家肥的劳动力边际成本越高，预期其施用农家肥的积极性越低。养殖畜禽水产提供了农家肥来源，可能有利于农户施用农家肥，因此本部分使用近两年是否养殖变量，预期该变量对农户施用农家肥有正的影响。

本部分选取户主的年龄、受教育程度两个变量。由于农户农业生产决策一般由户主做出，因此户主年龄、受教育程度对农业生产决策有重要影响。一般来说，年龄越大的农户农业生产经验越丰富，因此越可能施用农家肥；另外，由于施用农家肥需要较多的劳动投入，户主在 60 岁以上年龄段的农户很可能受劳动力不足的约束而不施用农家肥。因此，本部分预期户主年龄对农户施用农家肥的影响不确定。一般来说，户主受教育程度高的农户劳动力机会成本较高，很可能用化肥替代农家肥，因此预期户主受教育程度对农户施用农家肥的影响为负。

西房身、寇家、许家、裴家乡、肖北 5 村施用农家肥的农户分别为 15 户、7 户、5 户、4 户、6 户，分别占各村农户总数的 57.69%、43.75%、16.67%、15.38%、60.00%，5 村之间有较大差异，西房身、寇家、肖北施用农家肥的农户比重较高，而许家和裴家乡较低。为此，引入寇家、许家、裴家乡、肖北 4 个虚拟变量来表示 5 个村之间的差异。

（3）实证模型三：兼业及农家肥施用行为等因素对农户化肥碳排放程度的影响。本部分主要考察稻农兼业和施农家肥对化肥碳排放程度的影响。被解释变量为稻农施用化肥引起的碳排放程度，分为低碳、中碳和高碳 3 种情况，分别包含 46 户、41 户和 21 户。由于被解释变量为层次递进的 3 种选择，因此本部分使用排序选择模型。假设随机干扰项服从标准正态分布，具体采用 Ordered Probit 模型，使用 108 户稻农的数据。

在理论分析和描述性统计分析的基础上，同前两部分一样，本部分将稻农化肥碳排放程度的影响因素归纳为是否施用农家肥、非农就业、其他生产经营特征和农户特征 4 大类。

除村庄虚拟变量之外，各解释变量的具体设置、统计特征及预期方向如表 4-14 所示。

**表 4-14 解释变量设置及统计特征**

| 影响因素 | 表征变量 | 类别 | 含义及备注 | 均值 | 标准差 | 离散系数 | 预期方向 |
|---|---|---|---|---|---|---|---|
| 农家肥施用 | 是否用农家肥 $X_1$ | 虚拟 | 1=是；0=否 | 0.34 | 0.48 | 1.41 | - |
| 非农就业 | I 兼户 $X_2$ | 虚拟 | 1=I 兼户，0=其他 | 0.22 | 0.42 | 1.91 | + |
| | II 兼户 $X_3$ | 虚拟 | 1=II 兼户，0=其他 | 0.11 | 0.32 | 2.91 | + |
| 其他经营特征 | 农业从业人数占家庭从业人数比 $X_4$ | 连续 | 根据实际调研数据计算（%） | 0.90 | 0.16 | 0.18 | +/- |
| | 水稻种植面积 $X_5$ | 连续 | 实际调研数据（hm²） | 1.77 | 2.57 | 1.45 | + |
| | 地块块数 $X_6$ | 连续 | 实际调研数据（块） | 1.84 | 1.16 | 0.63 | + |

| 影响因素 | 表征变量 | 类别 | 含义及备注 | 均值 | 标准差 | 离散系数 | 预期方向 |
|---|---|---|---|---|---|---|---|
| 农户特征 | 户主年龄 $X_7$ | 定序 | 1=40 岁以下；<br>2=40~60 岁；<br>3=60 岁以上 | 1.94 | 0.57 | 0.29 | + |
| | 户主受教育程度 $X_8$ | 定序 | 1=小学及以下；<br>2=初中；<br>3=高中及以上 | 1.74 | 0.70 | 0.40 | + |

是否施用农家肥为核心解释变量，包括 37 户施用农家肥稻农和 71 户未施用农家肥稻农，其余为控制变量。非农就业由农户类型表示，分为纯农户、Ⅰ兼户、Ⅱ兼户，分别包含 72 户、24 户、12 户，具体由 2 个虚拟变量表示。

其他生产经营特征由农业从业人数比占家庭就业总人数比、水稻种植面积、地块块数表示，均为连续性数值变量。农业从业人数比占家庭就业总人数比的平均值为 90%，表明被调查农户以从事农业为主。水稻种植面积的平均值为 1.77hm²，标准差为 2.57hm²；地块块数的平均值为 1.84 块，标准差为 1.16 块。

农户特征由户主年龄和受教育程度表示，二者均为 3 分类定序变量。年龄分为 40 岁以下、40~60 岁、60 岁以上 3 个层次，分别包含 21 户、72 户和 15 户；受教育程度分为小学及以下、初中、高中及以上 3 个层次，分别包含 44 户、48 户和 16 户。

低化肥碳排放稻农在西房身、寇家、许家、裴家乡、肖北 5 村的分布为 14 户、5 户、9 户、17 户、1 户，中化肥碳排放稻农在西房身、寇家、许家、裴家乡、肖北 5 村的分布为 10 户、8 户、13 户、7 户、3 户，高化肥碳排放稻农在西房身、寇家、许家、裴家乡、肖北 5 村的分布为 2 户、3 户、8 户、2 户、6 户，西房身、寇家、许家、裴家乡、肖北 5 村的低、中、高碳比分别为 53.85%：38.46%：7.69%、31.25%：50.00%：18.75%、30.00%：43.33%：26.67%、65.39%：26.92%：7.69%、10%：30%：60%，西房身和裴家乡稻农低化肥碳排放比重较高，寇家和许家稻农中化肥碳排放比重较高，肖北稻农高化肥碳排放比重较高。各村有明显差别，因此本部分设置寇家、许家、裴家乡、肖北 4 个村庄虚拟变量来表示各村之间的差异，分别以 kj、xj、pjx、xb 表示。

2. 计量模型结果分析

（1）计量模型一（农地流转行为选择模型）的估计结果分析。被解释变量为二分类变量，本部分采用二元 Probit 模型进行参数估计，表 4–15 给出了模型的估计结果。

表 4–15　模型估计结果

| 变量 | 系数 | 标准误 | Z 统计量 | P > \|z\| |
|---|---|---|---|---|
| 常数项 | −2.3215 | 2.0244 | −1.15 | 0.251 |
| 非农收入 $X_1$ | −0.2507 | 0.5373 | −0.47 | 0.641 |
| Ⅰ 兼户 $X_2^*$ | 1.6565 | 0.8951 | 1.85 | 0.064 |
| Ⅱ 兼户 $X_3$ | 1.9782 | 1.6427 | 1.20 | 0.228 |
| 农业从业人数占比 $X_4$ | −0.3650 | 1.8475 | −0.20 | 0.843 |
| 水稻种植面积 $X_5^{***}$ | 0.1089 | 0.0312 | 3.49 | 0.000 |
| 地块块数 $X_6^{***}$ | 0.6538 | 0.2428 | 2.69 | 0.007 |
| 是否种经济作物 $X_7$ | 0.9883 | 0.9090 | 1.09 | 0.277 |
| 户主年龄 $X_8^*$ | −0.9266 | 0.5210 | −1.78 | 0.075 |
| 户主受教育程度 $X_9$ | −0.4451 | 0.4001 | −1.11 | 0.266 |
| 寇家 | −1.6223 | 1.1605 | −1.40 | 0.162 |
| 许家 | −0.5691 | 1.0105 | −0.56 | 0.573 |
| 裴家乡 | −0.3239 | 0.6710 | −0.48 | 0.629 |

Log likelihood = −18.3583；LR chi2（10）= 77.70；Prob.>chi2 = 0.0000；Pseudo $R^2$ = 0.6791

注：***、* 分别表示在 1% 和 10% 的统计水平上显著。

从估计结果看，模型的整体拟合程度较好，可以用于分析非农就业等因素对稻农土地转入行为的影响。

根据模型结果可以看出：

第一，非农收入对稻农转入土地具有负向影响，但是变量不显著；Ⅰ兼户比纯农户更有可能转入土地，变量在 10% 的置信水平上显著；Ⅱ兼户对稻农转入土地也具有正向影响，但是变量不显著。估计结果证明，Ⅰ兼户的"收入效应"大于"兼业效应"中的粗放经营效应，而Ⅱ兼户的粗放经营效应和"收入效应"综合作用效果不能确定。

第二，水稻种植面积和地块块数对稻农转入土地具有正向影响，变量均在1%的置信水平上显著，表明现有土地规模较大、地块数较多的稻农转入土地的可能性较大，验证了钱忠好（2008）的观点。农业从业人数比重的符号为负，与预期不符，但变量并不显著；是否种经济作物的符号为正，变量也不显著。

第三，户主年龄和受教育程度变量的符号均为正，其中户主年龄在10%的置信水平上显著，受教育程度变量不显著。户主年龄对稻农转入土地有负向影响，随着户主年龄的增长，农户转入土地的可能性提高。村庄虚拟变量均不显著，表明各村在转入土地方面没有显著差别。

（2）计量模型二（农家肥施用行为选择模型）的结果分析。被解释变量为二分类变量，本部分采用二元 Probit 模型进行参数估计，表 4-16 给出了模型的估计结果。

表 4-16　模型估计结果

| 变量 | 系数 | 标准误 | Z 统计量 | P>\|z\| |
|------|------|--------|----------|---------|
| 常数项 | 0.5868 | 1.0578 | 0.55 | 0.579 |
| Ⅰ兼户 $X_1$ | 0.1087 | 0.4829 | 0.23 | 0.822 |
| Ⅱ兼户 $X_2$ | −0.3160 | 0.5762 | −0.55 | 0.583 |
| 是否转入土地 $X_3^{**}$ | −1.9574 | 0.8099 | −2.42 | 0.016 |
| 水稻种植面积 $X_4^{*}$ | 0.2628 | 0.1397 | 1.88 | 0.060 |
| 地块块数 $X_5$ | −0.1287 | 0.1797 | −0.72 | 0.474 |
| 是否养殖 $X_6^{***}$ | 2.2630 | 0.5142 | 4.40 | 0.000 |
| 户主年龄 $X_7$ | −0.2361 | 0.3029 | −0.78 | 0.436 |
| 户主受教育程度 $X_8^{*}$ | −0.5101 | 0.2934 | −1.74 | 0.082 |
| 寇家 $X_9$ | 0.3487 | 0.5807 | 0.60 | 0.548 |
| 许家 $X_{10}$ | −0.3213 | 0.5268 | −0.61 | 0.542 |
| 裴家乡 $X_{11}$ | −0.5734 | 0.5184 | −1.11 | 0.269 |
| 肖北 $X_{12}$ | 0.8874 | 1.2444 | 0.71 | 0.476 |

Log likelihood = −41.288389；LR chi2（10）= 56.26；Prob. > chi2 = 0.0000；Pseudo $R^2$ = 0.4052

注：***、**、* 分别表示在 1%、5%和 10%水平上显著。

根据模型估计结果可以看出：

第一，在非农就业变量中，Ⅰ兼户虚拟变量的符号为正，表明在保持其他因素不变时，Ⅰ兼户（10%<非农收入比重<50%）比纯农户施用农家肥的可能性更大，但是变量并不显著。该结论与陈铁和孟令杰（2007）的研究结果不同，可能跟兼业户的家庭内部分工有关。Ⅰ兼户虽有部分非农收入，但家庭成员内部在农业和非农业之间进行了合理分工，因此对农家肥施用的劳动力投入并没有因为部分家庭成员从事非农业而减少。Ⅱ兼户（50%≤非农收入比重<100%）虚拟变量的符号为负，但是并不显著，可以认为是否兼业及兼业类型对农户施用农家肥没有显著影响。

第二，农地流转变量在5%的置信水平上显著，即转入土地显著影响农家肥施用，表明转入土地的农户施用农家肥的可能性较小，转入土地对农户农家肥施用产生负面影响，该结果支持稳定产权能够促进农户施用农家肥的结论。

第三，其他生产经营特征变量中，水稻种植面积变量在10%的置信水平上显著，符号为正，表明农户家庭种植水稻面积越大，在水稻田里施用农家肥的可能性越大。家庭经营地块块数变量的符号为负，表明地块分散不利于农户施用农家肥，与预期一致，但在统计上不显著。养殖畜禽水产对农户施用农家肥具有正向影响，该变量在1%的置信水平上显著。养殖畜禽的农户施用农家肥的可能性更大，因为畜禽粪便提供了农家肥来源。

第四，农户特征变量中，户主年龄和受教育程度两个变量的符号均为负号，其中户主受教育程度变量在10%的置信水平上显著。随着农户受教育程度的提高，劳动力机会成本、认知等因素导致其施用农家肥的可能性降低。

第五，其他控制变量中，寇家和肖北虚拟变量的符号为正，许家和裴家乡的符号为负，但是各虚拟变量均不显著，表明各村没有显著差别。

（3）计量模型三（兼业及农家肥施用行为等因素对化肥碳排放程度的影响）的结果分析。被解释变量为定序变量，本部分采用 Ordered Probit 模型进行参数估计，得到的模型估计结果如表 4-17 所示。

表 4-17　模型估计结果

| 变量 | 系数 | 标准误 | Z 统计量 | P>\|z\| |
|---|---|---|---|---|
| 是否用农家肥 $X_1$ | 0.2649 | 0.2737 | 0.97 | 0.333 |
| Ⅰ兼户 $X_2$ | 0.3240 | 0.3017 | 1.07 | 0.283 |
| Ⅱ兼户 $X_3^{**}$ | 0.8415 | 0.4050 | 2.08 | 0.038 |

续表

| 变量 | 系数 | 标准误 | Z统计量 | P>|z| |
|---|---|---|---|---|
| 农业从业人数比 $X_4$ | −0.2031 | 0.7816 | −0.26 | 0.795 |
| 水稻种植面积 $X_5^{**}$ | 0.2162 | 0.1008 | 2.15 | 0.032 |
| 地块块数 $X_6$ | 0.0902 | 0.1108 | 0.81 | 0.415 |
| 户主年龄 $X_7$ | 0.2159 | 0.2101 | 1.03 | 0.304 |
| 户主受教育程度 $X_8$ | 0.2833 | 0.1743 | 1.63 | 0.104 |
| 寇家 $X_9$ | 0.4815 | 0.3923 | 1.23 | 0.220 |
| 许家 $X_{10}^{**}$ | 0.8923 | 0.3671 | 2.43 | 0.015 |
| 裴家乡 $X_{11}$ | −0.2525 | 0.3895 | −0.65 | 0.517 |
| 肖北 $X_{12}$ | 0.4810 | 0.8572 | 0.56 | 0.575 |

Log likelihood = −95.0882；LR chi2 （10） = 36.55；Prob. > chi2 = 0.0003；Pseudo $R^2$ = 0.1612

注：** 表示在5%的统计水平上显著。

根据模型结果可以看出：

第一，施用农家肥对稻农的化肥碳排放程度具有正向影响，与预期相反，但是变量在统计上并不显著。由于农家肥和化肥之间不仅存在替代关系，而且存在互补关系，随着化肥取代农家肥成为中国肥料应用的主体，农家肥更多地作为化肥的互补品使用。从估计结果看，农家肥施用对化肥施用数量和结构的综合作用表现为提高了农户的化肥碳排放程度，但是影响并不显著，表明这一结果有待进一步商榷。

第二，Ⅰ兼户和Ⅱ兼户虚拟变量均对稻农化肥碳排放程度具有正向影响，其中Ⅱ兼户虚拟变量在5%的置信水平上显著。Ⅰ兼户和Ⅱ兼户的符号均为正，表明这两种农户均比纯农户具有更高的化肥碳排放程度，其中Ⅱ兼户变量是显著的。兼业的"收入效应"和"兼业效应"中资本对劳动的替代效应综合作用超过了"兼业效应"的粗放经营效应，尤其是对于Ⅱ兼户而言。

第三，水稻种植面积和地块块数对稻农化肥碳排放程度具有正向影响，农业从业人数比对其具有负向影响，其中水稻种植面积在5%的置信水平上显著。种植面积较大的农户对农业的依赖程度较高，对土地投入了较高的化肥、机械等资本要素，从而导致较高的化肥碳排放程度。地块数多可能会给施肥造成困难，容易带来化肥等工业投入品的浪费，从而导致更高的化肥碳排放,但是变量并不显著。农业从业人数比重较高的农户一方面缺少兼业的"收入效应",从而投入较少的化肥;另一方面可能用人力和手工劳作替代化肥,从而导致较低的化肥碳排放。

第四,户主年龄和受教育程度均对稻农化肥碳排放程度具有正向影响,但变量并不显著。户主受教育程度较高的农户可能在认知上更重视化肥等较高技术含量的工业品投入,另外,受教育程度可能与收入有一定的相关性,受教育程度较高的农户可能具有较高收入而投入较多化肥,从而导致较高的化肥碳排放。作为定序变量,随着户主年龄的增大,农户一方面在收入水平和经济实力上更有支付能力,另一方面也更依赖于农业,同时还可能以化肥等资本要素替代劳动要素投入,从而投入较多的化肥,最后导致较高的化肥碳排放。

第五,寇家、许家和肖北的稻农比西房身具有更高的化肥碳排放,而裴家乡的稻农比西房身具有更低的化肥碳排放,其中许家虚拟变量在5%的统计水平上显著。从各村低中高碳比重看,西房身和裴家乡稻农低化肥碳排放比重较高,寇家和许家稻农中化肥碳排放比重较高,肖北稻农高化肥碳排放比重较高。以西房身为参照,裴家乡化肥碳排放更低,寇家、许家和肖北化肥碳排放更高,其中许家为显著较高。

## 三、结论与启示

### 1. 主要结论

随着国民经济的发展,非农就业机会越来越多,一定时期内农户兼业的现象将普遍存在,在此背景下,农户农家肥施用行为将发生变化,继而影响农户的化肥碳排放程度。基于对辽宁省辽中县稻农数据的实证分析,本节得到如下主要结论:

第一,具有非农就业,但是仍以农业为主的 I 兼户比纯农户转入土地的可能性更高,既有土地面积较大、地块块数较多的农户更可能转入土地。兼业既具有"兼业效应"又具有"收入效应","收入效应"使农户有经济实力转入土地,而"兼业效应"降低了农户转入土地的可能性。该结论表明, I 兼户的"收入效应"高于"兼业效应",适当从事非农业提高了农户转入土地的可能性, II 兼户的"收入效应"和"兼业效应"综合作用效果不明显。既有土地面积对农户转入土地有正向影响,在目前的土地规模和流转程度下，种粮大户转入土地的可能性较大。

第二，适当从事非农就业不会影响农户施用农家肥，但是以非农业为主的兼业会阻碍农户施用农家肥。由于户均土地资源有限，农户有足够的劳动能力投入农业生产，非农收入比重较低的Ⅰ型兼业不会对农户施用农家肥产生负面影响，而Ⅱ型兼业则会阻碍农户施用农家肥。转入土地会使农户施用农家肥的可能性降低，说明产权在一定程度上会影响像农家肥这类与特定地块相连的长期投资。稳定的产权对农户施用农家肥有促进作用，农地流转会降低农户施用农家肥的可能性。种植面积、是否养殖畜禽能显著促进农户施用农家肥，说明扩大种植面积和发展畜牧业有利于激励农户进行农家肥施用等环境友好型长期投资，而这有赖于非农就业机会的扩大和农业、农村产业结构的调整。

第三，以非农业为主的Ⅱ兼户比纯农户具有更高的化肥碳排放，Ⅰ兼户的化肥碳排放程度与纯农户无明显差别，现有土地面积正向影响农户的化肥碳排放程度，施用农家肥对农户的化肥碳排放程度无显著影响。在非农就业背景下，农户分化为纯农户、Ⅰ兼户和Ⅱ兼户，Ⅰ兼户以农业为主，Ⅱ兼户以非农业为主。该结论表明，Ⅱ兼户的"收入效应"大于"兼业效应"的粗放经营效应，投入较多的化肥等工业投入品，具有较高的化肥碳排放；Ⅰ兼户的"收入效应"和"兼业效应"综合作用效果不显著，对化肥碳排放无明显影响。施用农家肥对化肥投入兼具互补效果和替代效果，二者综合作用决定农户的化肥碳排放程度，本节的实证分析表明，农户的农家肥施用行为对化肥碳排放程度无明显影响。

2. 政策启示

本节得到如下政策启示：

第一，发展非农产业、促进兼业农户分化有利于降低农户的化肥碳排放程度。从转入土地的角度，Ⅰ型兼业对农户转入土地具有促进作用。从农户农家肥施用行为来看，各种农户类型无显著差异。从化肥碳排放程度的角度来看，Ⅱ型兼业有较高的化肥碳排放程度。因此，促进Ⅱ型兼业户转出土地和Ⅰ型兼业户转入土地扩大规模对于降低农户的化肥碳排放程度有正向影响。促进农户分化需积极发展非农产业，提供稳定而充分的非农就业机会。为此，政府应通过宣传、示范、补贴等各种途径为农村劳动力提供非农就业机会，并通过提供就业信息，放开户籍制度、完善住房、子女教育和社保等各项配套政策为外出农民工稳定就业提供制度上的保障。

第二，发展农牧一体化和循环农业，促进农业废弃物资源化利用。形成连接有机肥供给与需求的市场，实现有机肥供求市场化。一方面，构建种植户与养殖户间的合作关系，使养殖户将生产出的畜禽粪便出售给种植户作有机肥来源，种植户将生产出的作物秸秆出售给养殖户作牲畜饲料，促进农家肥施用；另一方面，以作物秸秆和畜禽粪便为原料，发展商品有机肥产业，促进商品有机肥的推广与应用。

　　第三，推进适度规模经营有利于农户施用农家肥，从而提高土壤的长期肥力，为此政府应采取措施鼓励农地流转和扩大土地规模。从转入土地行为来看，现有土地面积对农户转入土地具有正向影响。从农户农家肥施用行为来看，转入土地对农户农家肥施用行为具有负向影响，水稻种植面积对农户农家肥施用行为具有正向影响。从化肥碳排放程度来看，水稻种植面积对农户化肥碳排放程度具有正向影响，是否施用农家肥对农户化肥碳排放程度没有显著影响。从扩大经营规模以促进农户施用农家肥和提高土壤长期肥力的角度来看，政府应采取鼓励农地流转、土地重划、稳定土地承包经营权等措施促进土地适度规模经营。

# 第五章　保护性耕作生态效益补偿与农机服务采用

面对传统耕作对农田生态环境造成的负面影响，保护性耕作被视为一种能促进农业可持续发展的耕作和生产方式。保护性耕作技术体系包含四项主要内容：秸秆覆盖地表、少耕少免耕播种、深松整地及病虫草害综合控制。秸秆覆盖和少耕少免耕播种是保护性耕作的核心技术，但作为与整个保护性耕作战略相配套的重要农艺措施，深松整地是实现保护性耕作不可或缺的关键技术内容。深松整地与少耕少免耕播种同属于土壤耕作技术，连年少耕免耕后需进行深松，以克服少免耕播种造成的耕层变浅和犁底层问题；而秸秆还田等地表覆盖技术可实现地表少裸露，从而减少土壤侵蚀以及提高土地产出效益。

考虑到推广程度和技术特点，本章重点考察深松整地、少耕少免耕播种和秸秆还田三项技术。深松整地、少免耕播种属于土壤耕作技术，秸秆还田属于地表覆盖技术，都具有明显的生态和经济效益，且均已得到一定程度的推广。其中，深松整地是少耕少免耕播种的配套技术，有助于提高农作物产量且无须每年进行，成为近年来重点推广的保护性耕作技术。

近年来，我国农业机械化迅速推进，农机作业服务市场已经形成，农机社会化服务已成为农户获取农机服务的重要来源渠道。与此同时，随着农村劳动力转移和农地流转，家庭农场、专业大户等新型农业经营主体不断涌现，农户分化为专业化、规模化、集约化程度较高的规模农户和兼业化、老龄化、女性化的普通小规模农户，二者对农机服务的采用呈现差别化趋势。深松整地或秸秆还田作业需要大马力拖拉机牵引专用机具，购买机械是一笔不小的费用。普通小规模农户大多需通过农机服务市场购买深松整地或秸秆还田等农机社会化服务，而家庭农场、规模农户等则面临着持有机械自我服务还是采用农机社会化服务的抉择。

2009 年，中央决定实施农机深松作业补贴，东北、华北、西北等地相继进行试点，深松作业在全国适宜省份迅速地展开；秸秆还田方面，中央一号文件多次强调支持秸秆还田等农机作业，许多省份实施了秸秆还田补贴。此前我国已于 2004 年启动农机购置补贴，对深松整地、高效施肥、秸秆还田离田等绿色高效机具实行敞开补贴。据调查，目前东北地区深松作业已覆盖大部分耕地，华北地区已经推广但尚未普及；在秸秆利用方面，近年来各地纷纷研究并出台鼓励秸秆资源化利用的政策和措施。

本章从保护性耕作生态效益补偿、技术采用和农机服务方式选择三方面展开，研究有利于丰富农业的生态效益补偿理论和可持续发展理论，有助于从微观层面认识农户规模分化对保护性耕作农机服务采用状况及其获取方式的影响，将为下一步构建全面的保护性耕作生态效益补偿机制奠定基础，也将为扩大保护性耕作补贴试点范围、持续推行农机作业补贴政策和提高补贴标准提供依据，对于促进农机作业服务市场发展和保护性耕作技术推广具有重要的现实意义。

# 第一节　基于碳汇功能的保护性耕作生态效益补偿机制

近年来，在我国碳排放、土壤退化等农业生态环境问题日益突出的形势下，具有固碳减排、保持水土等生态环境服务功能的保护性耕作受到重视。保护性耕作是相对于传统翻耕的新型耕作方式，包括少免耕等土壤耕作技术和秸秆还田等覆盖技术，配合相应机械设备和除草技术。实践中，通常所说的保护性耕作一般指免耕配合秸秆还田。

截至 2014 年底，我国机械化秸秆还田面积达 6.47 亿亩，占总耕地面积的 1/3 左右；保护性耕作推广面积达 1.29 亿亩，占总耕地面积的 6% 左右，远低于美国的 60%，也低于世界 11% 的平均水平。除观念、技术等原因外，生态补偿制度不完善是阻碍推广的重要原因。我国虽陆续实施了保护性耕作技术补贴、深松整地作业补贴等补贴政策试点，但并未建立起持续、稳定的补偿机制。为调动农户积极性和主动性，有必要建立健全保护性耕作生态效益补偿机制。

土壤处理是耕作方式的最核心部分。由于少免耕播种的产量不稳定等原因，其推广难度大于秸秆还田，普及程度低于秸秆还田。因此，本节重点研究少免耕等耕作措施，将秸秆还田作为外生变量。保护性耕作可以提高土壤固碳潜力，本节从这一角度出发，研究保护性耕作的生态效益，并构建其补偿机制。研究区域选取华北地区一年两季小麦—玉米轮作体系。

考虑旋耕是当前该区域应用最广泛的耕作方式，而翻耕是我国传统耕作方式，因此，分别以旋耕和翻耕为基准耕作方式，以旋耕/深松轮耕为目标耕作方式。旋耕是一种少耕的保护性耕作措施，近年来正逐渐代替翻耕成为应用最多的耕作措施，优点是节能增产、经济方便，缺点是连年使用造成耕层变浅、犁底层形成。同免耕一样，连年旋耕后也需要进行深松，以疏松土壤，加深耕层。本节将重点研究旋耕结合深松的固碳减排效应，并构建生态效益补偿机制。

从实际调查情况来看，山东省临沂市郯城县和泰安市宁阳县小麦种植户耕作方式具有以下特点：其一，该研究区域当前主要耕作方式是旋耕，翻耕只占很小的比例，因此"翻耕转为免耕"的情况不具有普遍意义，故不再研究"翻耕转为免耕"的固碳减排效应。其二，旋耕是一种少耕的耕作方式，属于保护性耕作范畴。根据对样本农户的调查，绝大多数受访农户都不愿意将当期的旋耕方式转为免耕方式，因此"旋耕转为免耕"不具有可操作性，故不再研究"旋耕转为免耕"的固碳减排效应。其三，"旋耕转为深松"是当前山东省一年两季小麦—玉米轮作区可行的耕作方式。实践中，该区域随着旋耕播种耕作方式的推广普及，已经出现土壤板结、耕层变浅、犁底层形成等问题，当务之急是进行深松。目前该区域正在政府部门的推动下进行深松整地技术的示范推广。因此，研究"旋耕转为深松"的固碳减排功能及其生态效益补偿机制具有较强的现实意义和实践价值。基于上述原因，本节重点研究了"旋耕转为深松"这一种情况的固碳减排功能及其生态效益补偿。

将生态效益补偿和农机作业补贴结合起来看，虽然深松技术的私人收益大于私人成本，但是在技术采用初期，需要政府部门的推广示范。农机深松作业补贴是一种技术推广的手段，而生态效益的外部性为持续推行农机深松作业补贴政策提供了理论依据。本节将实证分析小麦—玉米轮作种植农户进行保护性耕作（旋耕/深松）碳汇功能的受偿意愿和机会成本，并结合保护性耕作（旋耕/深松）的净碳汇和我国国内碳交易市场的碳平均价格计算保护性耕作（旋耕/深松）碳汇效益，最终确定保护性耕作

（旋耕/深松）碳汇功能补偿标准。对保护性耕作技术进行生态效益补偿有利于具有正外部性的技术的推广，对其他具有正外部性的环境友好型技术的推广提供经验借鉴，从而丰富农业生态效益补偿及环境友好型技术推广的理论和实践。

# 一、保护性耕作固碳减排效应测度

基于农业生态学等学科的研究成果以及山东省临沂市郯城县和泰安市宁阳县小麦—玉米轮作种植户的实地调查数据，测算保护性耕作（旋耕/深松）的固碳减排效应。

1. 土壤呼吸碳排量、投入品碳排量和土壤固碳量的变化

在秸秆还田外生假设下，耕作方式转变的碳汇/碳排量变化可用如下公式计算：

$$\Delta C_{碳汇} = (\Delta C_{作物固碳} + \Delta C_{土壤固碳}) - (\Delta C_{投入品碳排} + \Delta C_{土壤呼吸碳排}) \quad (5-1)$$

其中，$\Delta C_{碳汇}$表示耕作方式转变（本节为旋耕后进行深松）的净碳汇；$\Delta C_{作物固碳}$、$\Delta C_{土壤固碳}$、$\Delta C_{投入品碳排}$和$\Delta C_{土壤呼吸碳排}$分别表示耕作方式转变引起的作物碳吸收量、土壤固碳量、投入品碳排量和土壤呼吸碳排量的变化。

借鉴田慎重（2014）的研究成果，且基于泰安定位试验点的试验数据，发现经过长期旋耕后进行深松，土壤呼吸碳排量增加了 $5.455 \times 10^{-6}$ t Ce/hm²，即 $\Delta C_{土壤呼吸碳排} = 0.02kgCO_2e/hm² = 5.455 \times 10^{-6} tCe/hm²$；投入品碳排量增加了 0.0184tCe/hm²，即 $\Delta C_{投入品碳排} = 812.8kgCe/hm² - 794.4kgCe/hm² = 18.4kgCe/hm² = 0.0184tCe/hm$；土壤有机碳库的固碳量增加了 3.93tCe/hm²，即 $\Delta C_{土壤固碳} = 3.66tCe/hm² - (-0.27tCe/hm²) = 3.93tCe/hm²$。

2. 作物固碳量的变化

农作物自身固碳量可根据作物净初级生产量计算公式得出，公式如下：

$$C_{作物固碳} = \sum_{i}^{k} C_i = \sum_{i}^{k} a_i \cdot Y_i \cdot (1 - w_i)/HI_i \quad (5-2)$$

其中，$C_{作物固碳}$为农田作物碳吸收总量，单位为吨碳/公顷·年；$C_i$为第 i 种作物的碳吸收量，单位为吨碳/公顷·年；k 为农作物种类数；$a_i$为第 i 种作物通过光合作用合成单位有机质所需吸收的碳，即碳吸收率；$Y_i$为第 i 种作物的经济产量，单位为吨/公顷·年；$w_i$为第 i 种作物经济产品部分

的含水量，单位为%；$HI_i$为第 1 种作物的经济系数。

小麦—玉米轮作制中，耕作方式转变引起的作物碳吸收量的变化量可用如下公式计算：

$$\Delta C_{\text{作物固碳}} = a_{\text{小麦}} \cdot \Delta Y_{\text{小麦}} \cdot (1 - w_{\text{小麦}})/HI_{\text{小麦}} + a_{\text{玉米}} \cdot \Delta Y_{\text{玉米}} \cdot$$
$$(1 - w_{\text{玉米}})/HI_{\text{玉米}} \tag{5-3}$$

其中，$\Delta Y_{\text{小麦}}$、$\Delta Y_{\text{玉米}}$分别表示耕作方式转变引起的小麦和玉米单产变化量。可直接获取作物的碳吸收率、含水量、经济系数及耕作方式转变引起的作物单产变化量。

根据田慎重（2014）的研究，小麦—玉米轮作体系中，小麦产量平均增长 2.36t/hm²，即 $\Delta Y_{\text{小麦}} = 416.67kg/亩 \times 37.7\% = 157.08kg/亩 = 2.36t/hm²$ 或 $Y_{\text{小麦}} = 6.25t/hm² \times 37.7\% = 2.36t/hm²$；小麦作物固碳量增长了 2.52tCe/hm²，即 $\Delta C_{\text{小麦}} = a_{\text{小麦}} \times \Delta Y_{\text{小麦}} \cdot (1 - w_{\text{小麦}})/HI_{\text{小麦}} = 0.485 \times 2.36t/hm² \times (1 - 12\%)/0.40 = 2.52tCe/hm²$；玉米产量平均增长了 1.55t/hm²，即 $\Delta Y_{\text{玉米}} = 10.01t/hm² \times 15.5\% = 1.55t/hm²$；玉米作物固碳量增长了 1.59tCe/hm²，即 $\Delta C_{\text{玉米}} = a_{\text{小麦}} \times \Delta Y_{\text{玉米}} \cdot (1 - w_{\text{玉米}})/HI_{\text{玉米}} = 0.471 \times 1.55t/hm² \times (1 - 13\%)/0.40 = 1.59tCe/hm²$；长期旋耕后进行深松的作物固碳量共计增长了 4.11tCe/hm²，即 $\Delta C_{\text{作物固碳}} = \Delta C_{\text{小麦}} + \Delta C_{\text{玉米}} = 2.52tCe/hm² + 1.59tCe/hm² = 4.11tCe/hm²$。

3. 长期旋耕后进行深松的净碳汇量计算

根据计算出的投入品碳排量、土壤呼吸碳排量、土壤固碳量和农作物自身固碳量的变化量，得到小麦—玉米轮作种植体系在长期旋耕后进行深松的净碳汇为 8.02tCe/hm²，即 $\Delta C_{\text{碳汇}} = (\Delta C_{\text{作物固碳}} + \Delta C_{\text{土壤固碳}}) - (\Delta C_{\text{投入品碳排}} + \Delta C_{\text{土壤呼吸碳}}) = 4.11tCe/hm² + 3.93tCe/hm² - 0.0184tCe/hm² - 5.455 \times 10^{-6} tCe/hm² = 8.02tCe/hm²$。

## 二、保护性耕作碳汇功能补偿标准测算

基于山东省临沂市郯城县和泰安市宁阳县的实地调查，获取了 232 份有效问卷，其中包括 115 户小麦—玉米轮作种植农户（郯城县泉源乡 42 户、宁阳县磁窑镇 28 户和伏山镇 45 户）和 117 户小麦—水稻轮作种植农户（郯城县花园乡 64 户和归昌乡 53 户）。根据其中的 115 户小麦—玉米轮作种植农户调查数据，测算了保护性耕作（旋耕/深松）碳汇功能补偿

的农户受偿意愿，结合当地的深松作业价格、深松补贴情况和碳汇效益，确定调查区的保护性耕作碳汇补偿标准。

1. 长期旋耕后进行深松的农户受偿意愿测度

受访的 115 户小麦—玉米轮作种植农户中，近 3 年来有 47 户进行过深松，占样本数的 40.87%。在设置的"如果周围农户深松，是否愿意深松""如果深松的农机队来到村里，是否愿意深松""如果政府给补贴，是否愿意深松"三种情境下，全部样本户均回答"愿意"。

以问题"政府每亩补贴多少元，愿意深松"测度农户保护性耕作（旋耕/深松）的受偿金额。调查区农机深松价格在 30~50 元/亩，因此，超过 50 元/亩的受偿金额为过高受偿额度，处理方法是以农机深松价格上限代替，即以 50 元/亩代替。调查中有 4 户受访户的受偿金额在 50 元/亩以上，分别为 60 元/亩、80 元/亩、100 元/亩、200 元/亩，这 4 户均以 50 元/亩代替。

通过上述方法，计算得到样本户保护性耕作（旋耕/深松）平均受偿额度为 496.96 元/hm²，即 33.13 元/亩。

2. 长期旋耕后进行深松的机会成本计算

采用深松技术后，农机作业成本增加。调查地区农机深松作业价格的中位数为 40 元/亩，以此作为农机作业成本的增加额。

深松虽然增加农机作业成本，但同时具有明显的增产作用。根据实地调查，采用深松技术的样本户小麦产量大致增长 10% 左右。郯城县小麦—玉米轮作样本户的小麦平均产量为 402kg/亩，42 户郯城县麦—玉轮作样本户中有 32 户采用了深松技术；宁阳县样本户的小麦平均产量为 540 kg/亩，73 户宁阳县麦—玉轮作样本户中有 15 户采用了深松技术。

计算得到小麦—玉米轮作样本户的小麦增产量大致为 40 kg/亩，即

$$\Delta Y_{小麦} = \frac{402}{1 + 10\%} \times 10\% \times \frac{32}{47} + \frac{540}{1 + 10\%} \times 10\% \times \frac{15}{47} = 40.55kg$$

郯城小麦—玉米轮作样本户的小麦平均销售价格为 2.22 元/kg，宁阳样本户的小麦平均销售价格为 2.16 元/kg。计算得到小麦—玉米轮作样本户的小麦销售价格为 2.20 元/kg，即

$$P_{小麦} = 2.22 \times \frac{32}{47} + 2.16 \times \frac{15}{47} = 2.20 元/kg$$

根据小麦—玉米轮作样本户的小麦增产量和销售价格，计算出小麦增

收额为 88 元/亩，即：

$$\Delta I_{小麦} = \Delta Y_{小麦} \times P_{小麦} \approx 40kg/亩 \times 2.20 元/kg = 88 元/亩$$

仅计算小麦采用深松技术的收益已超过成本，即使深松后玉米产量没有增加，调查区小麦—玉米轮作种植户的净收益也可达到 720 元/hm²（即 48 元/亩）。可见，采用深松技术的私人收益是大于私人成本的，即机会成本为负数。

3. 长期旋耕后进行深松的碳汇效益计算

根据计算，研究区小麦—玉米轮作种植体系在长期旋耕后进行深松的净碳汇为 8.02tCe/hm²；碳价格根据中国碳排放交易的资料计算。

2017 年 1 月 1 日至 11 月 30 日，我国 8 个碳交易试点的二级市场共成交 4722.19 万吨，总成交额为 74669.10 万元，计算出 2017 年碳交易市场平均价格为 15.81 元/吨。该数值与李颖等（2014）计算得到的 2013 年我国 5 个碳交易试点 55.91 元/吨的平均碳价格差距较大。考虑到部分碳交易试点的碳价格过低，故采用整体发展较好，成交额、成交量和碳价格均较高的北京、上海碳交易试点的二级市场的碳交易平均价格。

2017 年 1 月 1 日至 11 月 30 日，北京、上海 2 个碳交易试点的二级市场共成交 471.58 万吨，总成交额为 19978.78 万元，计算出 2017 年北京、上海碳市场均价为 42.37 元/吨。

根据净碳汇和吨碳价格，计算出保护性耕作（旋耕/深松）的碳汇效益为 339.77 元/hm²，即 22.65 元/亩。计算公式为：

$$\Delta E_{碳汇} = \Delta C_{碳汇} \times P_{碳汇} = 8.02tCe/hm^2 \times 42.37 元/吨 = 339.77 元/hm^2$$
$$= 22.65 元/亩$$

4. 调查地区农机深松作业补助实施情况

实践中，我国 2009 年开始实施农机深松作业补贴。目前，大多数省份的补助标准是 20~40 元/亩，山东省 2017 年农机深松作业补助标准为 35 元/亩，大约有 1/3~1/2 的深松面积能够获得农机深松作业补助。

35 元/亩的补助标准是高于深松碳汇效益的，甚至高于 33.13 元/亩的农户受偿意愿，与农机深松作业服务价格相当。在政府采购深松社会化服务情况下，深松补贴标准就是农机深松作业价格，直接支付给承担农机深松作业服务的农机合作社，而农机深松作业补助项目区的农户可免费获得深松作业服务，这主要是出于政府部门推广示范深松技术的愿景。

虽然采用深松技术的私人收益大于私人成本，但是在技术普及之前，一方面技术需求主体并不十分了解这项技术，另一方面也是更为重要的原因，深松技术的载体——农机深松作业服务的供给不足。从调查来看，制约农户采用深松技术的最重要原因是缺少深松机械，另一个重要原因是农机作业服务主体的数量和质量不能满足农机深松作业需求。

5. 综合考虑受偿意愿、机会成本、碳汇效益和深松补贴的保护性耕作碳汇效益补偿标准

（1）深松补贴金额和比例的解释。一般来说，生态效益补偿标准的设定应以机会成本为下限，以生态效益为上限，以受偿主体的受偿意愿作为参考。根据本节的研究，长期旋耕后进行深松的机会成本为负数，碳汇功能的生态效益为 339.77 元/hm²（即 22.65 元/亩），调查区样本户的受偿意愿为 496.96 元/hm²（即 33.13 元/亩），显示农户的受偿意愿偏高，可能跟许多农户并不十分了解深松技术在增加产量、节水节肥、蓄水保墒等方面的好处有关。

从生态效益补偿的角度来看，如果对所有进行农机深松作业的面积都给予补助，则政府当前的深松补贴金额（35 元/亩，补助 1/3~1/2 面积）只相当于普惠（全部深松面积都进行补助）情况下的 11.67 元/亩~17.50 元/亩。这一补偿标准介于采用深松技术的机会成本（−48 元/亩）和深松碳汇功能生态效益（339.77 元/hm²，即 22.65 元/亩）之间，因此是合理的。

（2）普惠情况下的保护性耕作碳汇生态效益补偿标准。确定生态效益补偿标准是构建生态效益补偿机制的关键和难点。本节根据保护性耕作（旋耕/深松）的单位面积净碳汇量（8.02tCe/hm²）和单位碳汇市场价格（42.37 元/吨），计算出单位面积保护性耕作（旋耕/深松）的碳汇效益为 339.77 元/ hm²（即 22.65 元/亩）；根据农机深松作业服务价格（30~50 元/亩，取中位数 40 元/亩）和深松带来的增收量（40 kg/亩 × 2.20 元/kg = 88 元/亩），计算出保护性耕作（旋耕/深松）的机会成本为负数（−48 元/亩）；通过条件价值评估法测度出农户受偿意愿为 496.96 元/hm²（即 33.13 元/亩）。

以碳汇效益（22.65 元/亩）作为上限，以机会成本损失（−48 元/亩）作为下限，以农户受偿意愿（33.13 元/亩）作为参照标准，综合考虑上述三种因素确定出保护性耕作（旋耕/深松）的碳汇功能生态效益补偿标准：在普惠情况下，保护性耕作（旋耕/深松）碳汇功能生态效益补偿标准为

$[0, 339.77/\text{hm}^2]$（即 $[0, 22.65$ 元/亩 $]$）。

（3）补助一定面积比例情况下的保护性耕作碳汇生态效益补偿标准。设置以下情景：

1）在补助 1/2 深松面积的情况下，保护性耕作（旋耕/深松）碳汇功能生态效益补偿的上限为 679.50 元/hm²（即 45.30 元/亩）。计算公式为：

$$C_{1/2} = \frac{C_{普惠}}{1/2} = \frac{22.65 \text{ 元/亩}}{1/2} = 45.30 \text{ 元/亩}$$

因此，保护性耕作（旋耕/深松）碳汇功能生态效益补偿标准为 $[0, 679.50$ 元/hm² $]$（即 $[0, 45.30$ 元/亩 $]$）。

2）在补助 1/3 深松面积情况下，保护性耕作（旋耕/深松）碳汇功能生态效益补偿的上限为 1019.25 元/hm²（即 67.95 元/亩）。计算公式为：

$$C_{1/3} = \frac{C_{普惠}}{1/3} = \frac{22.65 \text{ 元/亩}}{1/2} = 67.95 \text{ 元/亩}$$

因此，保护性耕作（旋耕/深松）碳汇功能补偿标准为 $[0, 1019.25$ 元/hm² $]$（即 $[0, 67.95$ 元/亩 $]$）。

3）在 525 元/hm²（即 35 元/亩）的深松补贴标准下，最大补助面积比例为 64.71%。计算公式为：

$$R_{补助面积比例} = \frac{C_{普惠}}{C_{实际}} = \frac{22.65 \text{ 元/亩}}{35 \text{ 元/亩}} = 64.71\%$$

结合农机深松价格，证明深松补贴标准确定为 525 元/hm²（即 35 元/亩）有其合理性。下一步可扩大补助比例，将补助面积占深松总面积的比例提至 1/2 左右，但不应超过 2/3。

# 三、保护性耕作碳汇功能补偿机制构建

## 1. 补偿主体和受偿主体

由于保护性耕作产生的碳汇功能属于生态效益，具有显著正外部性，因此进行保护性耕作的种植业主体应得到碳汇功能的补偿。保护性耕作碳汇效益补偿的受偿主体是采用保护性耕作技术的农作物种植者，在我国主要是广大农户。本节明确了保护性耕作（旋耕/深松）碳汇功能的补偿主体为中央及省级政府，受偿主体为进行保护性耕作（旋耕/深松）的农户。

由于保护性耕作产生的碳汇功能为全社会受益，因此政府应作为受益者代表成为补偿主体。碳汇效益具有全国性，因此应主要由中央政府承担。但考虑到保护性耕作在保护土壤等方面的功能，省级政府应承担部分补偿义务，包括设置保护性耕作生态效益补偿专项资金；地方政府承担少量义务，主要是提供无偿培训等技术补偿或对保护性耕作农机作业服务及其产业链进行政策倾斜等。

2. 补偿标准

保护性耕作所产生的碳汇效益价值是政府愿意支付的最高额度，将其作为生态效益补偿标准的上限。生态效益补偿标准下限的确定以成本标准为基础，综合考虑农户受偿意愿，具体做法为：若农户平均受偿额度高于机会成本损失，则以机会成本损失为最低补偿标准；若农户平均受偿额度低于机会成本损失，则以机会成本损失与农户受偿额度的平均值为最低补偿标准。

综合考虑机会成本损失、碳汇生态效益以及农户受偿意愿，提出保护性耕作（旋耕/深松）碳汇功能生态效益补偿可与农机深松作业补助相耦合。确定出保护性耕作（旋耕/深松）碳汇生态效益的补偿标准为普惠情况下的 $[0, 339.77/hm^2]$（即 $[0, 22.65$ 元/亩]）或 1/2 深松面积情况下的 $[0, 679.50$ 元/$hm^2]$（即 $[0, 45.30$ 元/亩]）、1/3 深松面积情况下的 $[0, 1019.25$ 元/$hm^2]$（即 $[0, 67.95$ 元/亩]）。采取现金补偿方式，调查区可保持 525 元/$hm^2$（即 35 元/亩）的补偿标准，适当调整补助面积比例，可将补偿资金直接补给农机作业服务主体。

结合调查区农机深松作业价格和农机深松作业补助标准，确定出在 525 元/$hm^2$（即 35 元/亩）的深松补贴标准下，补助面积可扩大到 1/2，但不要超过 2/3。该研究结论为政府部门确定深松补贴标准及补助总额和面积提供了政策依据。

3. 补偿方式

确定以资金补偿为主，技术补偿、政策补偿和实物补偿为辅的补偿方式。保护性耕作生态效益补偿的资金补偿方式可通过设立保护性耕作生态效益专项资金的方式，由中央及省级政府直接提供专项资金用于保护性耕作生态效益补偿。保护性耕作生态效益补偿的技术补偿主要是政府组织专业人员进行无偿培训或无偿推广保护性耕作技术；政策补偿主要包括对保护性耕作农机服务组织或农机制造行业进行税收减免、优先安排相关的基础设施建设等；实物补偿主要包括提供保护性耕作机械设备等。

# 第二节　农业生产主体对保护性耕作技术的采用

　　保护性耕作技术是集少免耕播种、秸秆覆盖（还田）、深松和病虫草害综合防治为一体的技术体系。学者们通过田间试验对"保护性耕作具有节本增产增效的效果"已经达成共识，证明保护性耕作不仅可以提高作物产量，还可以减少化肥施用量、降低机械作业费用、减少劳动投入、降低地表径流等。实际生产要比田间试验复杂得多。李卫等（2017）认为，现阶段中国规范采用保护性耕作技术体系的农户较少，往往只采用了其中的一两项核心技术，此外，保护性耕作还受到种植制度、土壤特征等因素影响，由此可能导致农户采用该技术效果不明显的情况；其对黄土高原农户的调查发现，保护性耕作对作物单产和顷均利润都具有显著的正向影响，在考虑劳动力投入的机会成本后，顷均利润的效果更为显著。蔡荣和蔡书凯（2012）基于安徽省水稻种植户的调查也表明，保护性耕作技术对作物单产有正向积极作用。

　　关于农户采用保护性耕作技术行为的理论分析，刘乐等（2017）以秸秆还田为例，构建了一个基于农户土地资源禀赋的技术采用模型，理论分析表明，当经营规模增大时，其技术转换成本可能会降低，从而农户面临的"技术转换门槛值"越低；王振华等（2017）在比较静态分析的框架下，构建了种粮大户进行保护性耕作技术采用决策的理论模型，认为主观风险函数是不确定的，因此种粮大户保护性耕作技术采用行为决策主要由影响主观风险函数的因素决定。

　　本研究认为，保护性耕作技术作为一种新型耕作技术，是一种农机技术，具有不同于化肥、农药、新品种等农艺技术的特殊性质，需要依靠农机作业实现，也就是首先要有保护性耕作机械。这里有一个前提条件，农机市场上是否供给了足够数量和质量的保护性耕作机械？这对本节来说是外生的，其与农机研发和生产技术水平有关。保护性耕作机械的供给方是农机生产企业，市场经济下产品供给数量和质量取决于农机行业的整体技术水平，本节假定保护性耕作农机的供给不存在约束，重点研究保护性耕作技术采用的影响因素。

# 一、研究方法

## 1. 模型方法

首先考察农户对保护性耕作技术（本部分只考察深松整地、少免耕播种和秸秆还田三项核心技术）的采用行为。样本户中 76 户采用了深松整地技术，228 户采用了少免耕播种技术，227 户采用了秸秆还田技术。从采用保护性耕作技术的项数来看，样本户均至少采用 1 项保护性耕作技术。其中，74 户采用了 3 项保护性耕作技术，151 户采用了 2 项保护性耕作技术，7 户采用了 1 项保护性耕作技术。

以农户采用保护性耕作核心技术的项数为被解释变量，分别为 1、2、3，存在递进的层次。对于有序的离散被解释变量应该使用排序选择模型。根据随机扰动项的分布包括 Ordered Probit 模型和 Ordered Logit 模型，前者假设随机扰动项服从正态分布，后者假设为 Logistic 分布，本节具体采用 Ordered Logit 模型。

在排序选择模型中，被解释变量表示排序结果，其取值为整数，本节以 1、2、3 表示采用 1~3 项保护性耕作核心技术。解释变量是可能影响被解释变量排序结果的各种因素，本节具体指影响保护性耕作核心技术采用项数的因素。

Ordered Logit 模型的一般形式为：

$$y^* = x'\beta + \varepsilon \tag{5-4}$$

其中，$y^*$ 是潜变量，$x$ 是解释变量的集合，$\beta$ 是待估参数；$\varepsilon$ 是随机扰动项，假设其服从 Logistic 分布。

被解释变量的选择标准为：

$$y = \begin{cases} 1, & \text{若 } y^* \leqslant r_1 \\ 2, & \text{若 } r_1 < y^* \leqslant r_2 \\ 3, & \text{若 } y^* > r_2 \end{cases} \tag{5-5}$$

其中，$r_1$、$r_2$ 为切点，由模型估计而得。

## 2. 解释变量选取

第一，家庭主要务农人口的个人禀赋。考虑到农户家庭内部有可能出现劳动力在农业和非农业之间的分工，可能会存在户主不是家庭主要务农人口的情况，因此采用家庭主要务农人口而非户主的个人特征。这部分具体选取家庭主要务农人口的年龄、受教育程度、是否有外出务工经历作为保护性耕作技术采用模型的解释变量。一般来说，主要务农人口年龄较小、受教育程度较高、有外出务工经历的农户更倾向于采用新技术。

第二，农户家庭禀赋。家庭禀赋通常包括家庭劳动力的数量、收入状况、土地经营规模等，考虑到当前农户家庭从事农业生产的劳动力数量大多为1~2人，较为趋同，本研究未选用该指标。选取种粮收入占家庭收入的比重、最大地块面积为解释变量。一般来说，种粮收入占家庭收入比重越高，农户采用保护性耕作技术的可能性越大。由于本研究主要调查最大地块采用保护性耕作技术的情况，而保护性耕作技术的载体是农机，地块面积越大，越有利于机械作业，因此越倾向于采用保护性耕作技术。

第三，技术采用环境特征。王济民等（2013）系统分析了我国现阶段农业科技推广模式的特点、运行机制、存在问题及推广效果，并全面地评价了推广机构主导型、科技项目带动型、市场引导型、第三方主导型等主要模式及运行机制。保护性耕作技术的推广应用方面，王金霞等（2009）、乔金杰等（2014）发现，政府补贴能够提高农户采用保护性耕作技术的概率。朱萌等（2015）发现，提供机械补贴只对种稻大户采用保护性耕作技术行为具有促进作用，而参加农业技术培训对传统散户和种稻大户采用保护性耕作技术行为都有促进作用。李卫等（2017）发现，政府向农户提供补贴对农户保护性耕作技术的采用及采用程度均有显著促进作用，参加保护性耕作技术培训仅对保护性耕作技术的采用有正向作用。王振华等（2017）发现，获得技术示范指标对种粮大户保护性耕作技术（少耕技术）的采用具有显著正向影响。

调查地区采取先作业、后补贴，补贴发放给农机作业服务组织的方式。本次调查主要针对农机服务需求方，没有获得农机服务供给方——农机作业服务组织的数据。根据相关文献，结合本次调查所获取的数据，保护性耕作技术采用模型选取是否为科技示范户、参加农业技术培训次数、是否参加了合作社或专业技术协会作为解释变量。

第四，对技术的认知。农户对保护性耕作技术的作用评价越高，采用保护性耕作技术的可能性越大。蔡荣和蔡书凯（2012）、李卫等（2017）的研究发现，对技术作用认知程度高、技术效果满意度高的农户的保护性耕作技术采用率和采用程度更高。选取受访者对各项保护性耕作技术的评价作为技术采用模型的解释变量，预期农户对该技术的评价越高，越可能采用该技术。

第五，种植制度。本研究是以小麦种植为例对样本农户展开的保护性耕作技术采用调查，调查地区是一年两季种植制度，但是其中有3个乡镇是小麦—玉米轮作制，2个乡镇是小麦—水稻轮作制。从调查情况看，小麦—玉米轮作制（旱地）下深松整地技术采用率高于小麦—水稻轮作制（水田）。因此，增加种植制度虚拟变量，相当于一个地区虚拟变量。

## 二、数据来源与基本统计分析

### 1. 数据来源

本节数据来源于2017年8月对山东省郯城县和宁阳县小麦种植户的调查，包括郯城3个乡镇（花园乡、泉源乡、归昌乡）和宁阳县2个乡镇（磁窑镇、伏山镇），主要选取了农地流转程度较高、农业机械化较发达的乡镇。在当地政府部门的配合下获取到种植大户（经营耕地面积在50亩及以上的农户，以下称为规模农户）的名单，每个乡镇抽取了规模农户较集中的3~5个村。此次调查共获取了240份问卷，剔除7户农业收入比重低于5%的样本和1户信息较多缺失的样本，最终获得232份有效的小麦种植户样本，有效样本率为96.67%。

样本户中，包括94户耕地面积在3.33hm²（50亩）及以上的规模农户和138户耕地面积在3.33hm²（50亩）以下的普通农户，分别占样本数的40.52%和59.48%；其中，规模农户的平均耕地面积为8.79hm²（131.81亩），普通农户平均耕地面积为0.66hm²（9.86亩）。样本户在各乡镇的分布如下：花园乡64户、泉源乡42户、归昌乡53户、磁窑镇28户、伏山镇45户。

### 2. 描述统计分析

（1）家庭基本特征。样本户家庭主要务农人口的平均年龄是51.76岁，家庭主要务农人口年龄在60岁及以上的有59户，占样本总数的25.43%；家庭主要务农人口在65岁及以上的有27户，占11.64%。规模农户家庭主要务农人口的平均年龄是47.47岁，普通农户家庭主要务农人口的平均年龄是54.69岁。规模农户中，家庭主要务农人口在60岁及以上的有11户，占规模农户样本数的11.70%；65岁及以上的有4户，占4.26%。普通农户中，家庭主要务农人口年龄在 60 岁及以上的有 48 户，占普通农户样本数的 34.78%；在 65 岁及以上的有 23 户，占普通农户样本数的 16.67%，呈现出比较明显的老龄化特点。

郯城县样本户家庭主要务农人口的平均年龄为 51.39 岁，规模农户和普通农户家庭主要务农人口的平均年龄分别为 47.85 岁和 54.40 岁；规模农户家庭主要务农人口年龄最大的为 68 岁，年龄最小的为 26 岁；普通农户家庭主要务农人口年龄最大的为 76 岁，年龄最小的为 22 岁。宁阳县样本户家庭主要务农人口的平均年龄为 52.58 岁，规模农户和普通农户家庭主要务农人口的平均年龄分别为 46.14 岁和 55.17 岁；规模农户家庭主要务农人口年龄最大的为 64 岁，年龄最小的为 31 岁；普通农户家庭主要务农人口年龄最大的为 72 岁，最小的为 30 岁。

样本户家庭主要务农人口的平均受教育年限为 8.38 年，其中规模农户家庭主要务农人口的平均受教育年限是 8.39 年，普通农户家庭主要务农人口的平均年龄是 8.37 年。郯城县样本户家庭主要务农人口的平均年龄为 8.23 年，其中规模农户和普通农户家庭主要务农人口的平均受教育年限分别为 8.26 年和 8.20 年；宁阳县样本户家庭主要务工人口的平均受教育年限为 8.71 年，其中规模农户和普通农户家庭主要务农人口的平均年龄分别为 8.86 年和 8.65 年。

样本户种粮收入占家庭收入比重的平均值为 62.20%，其中规模农户种粮收入占家庭收入比重的平均值为 67.09%，普通农户种粮收入占家庭收入比重的平均值为 58.88%；郯城县规模农户和普通农户种粮收入分别占家庭收入比重的 68.16% 和 66.22%；宁阳县规模农户和普通农户分别占家庭收入比重的 63.33% 和 46.08%。

（2）生产经营特征。样本户的平均耕地面积为 3.95hm²（59.27 亩），其中规模农户的平均耕地面积为 8.79hm²（131.81 亩），普通农户的平均耕地面积为 0.66hm²（9.86 亩）；经营耕地面积前三位的规模农户分别为 146.67hm²（2200 亩）、26.80hm²（402 亩）、18.67hm²（280 亩）。郯城县样本户的平均耕地面积为 4.61hm²（69.19 亩），规模农户和普通农户的平均耕地面积分别为 9.05hm²（135.78 亩）和 0.84hm²（12.66 亩）；宁阳县样本户的平均耕地面积为 2.51hm²（37.66 亩），规模农户和普通农户的平均耕地面积分别为 7.87hm²（118.00 亩）和 0.35hm²（5.22 亩）。

2016 年，样本户冬季的小麦种植面积平均值为 3.72hm²（55.86 亩），规模农户的小麦种植面积平均值为 8.26hm²（123.96 亩），普通农户的小麦种植面积平均值为 0.63hm²（9.48 亩）。郯城县样本户的小麦种植面积平均值为 4.38hm²（65.67 亩），规模农户和普通农户分别为 8.58hm²（128.74 亩）和 0.81hm²（12.14 亩）；宁阳县样本户的小麦种植面积平均值为 2.30hm²（34.50 亩），规模农户和普通农户分别为 7.16hm²（107.33 亩）和 0.34hm²（5.08 亩）。

样本户平均有 96.27% 的耕地面积种植小麦，规模农户平均有 94.29% 的耕地种植小麦，普通农户平均有 97.62% 的耕地种植小麦。样本户的最大麦地地块面积平均为 1.60hm²（24.01 亩），其中规模农户的最大麦地地块面积平均为 3.48hm²（52.14 亩），普通农户的最大麦地地块面积平均为 0.32hm²（4.86 亩）。受访规模农户中，30 户最大麦地地块在 4hm²（60 亩）及以上，23 户在［2，4）hm²，17 户在［1，2）hm²，24 户在 1hm²（15 亩）以下，分别占受访规模农户的 31.91%、24.47%、18.09%、25.53%。

受访规模农户中有 11 户只有 1 块麦地，占受访规模农户的 11.70%；31 户最大麦地不足其麦地总面积的 1/4（即至少有 5 块麦地），占受访规模农户的 32.98%。

样本基本特征如表 5-1 所示。

表 5-1　样本基本特征

| 指标 | 全部样本 | 规模农户 | 普通农户 |
| --- | --- | --- | --- |
| 主要务农人口年龄（岁） | 51.76 | 47.47 | 54.69 |
| 60 岁及以上比例（%） | 25.43 | 11.70 | 34.78 |
| 65 岁及以上比例（%） | 11.64 | 4.26 | 16.67 |
| 主要务农人口受教育年限（年） | 8.38 | 8.39 | 8.37 |
| 种粮收入占家庭收入比例（%） | 62.20 | 67.09 | 58.88 |
| 33.3%及以下比例（%） | 28.40 | 18.10 | 35.50 |
| 经营耕地面积（hm²） | 3.95（59.3 亩） | 8.79（131.8 亩） | 0.66（9.9 亩） |
| 小麦种植面积（hm²） | 3.72（55.9 亩） | 8.26（124.0 亩） | 0.63（9.5 亩） |
| 最大麦地面积（hm²） | 1.60（24.0 亩） | 3.48（52.1 亩） | 0.32（4.9 亩） |
| 最大麦地不足 25%比例（%） | — | 32.98 | — |

数据来源：笔者调研。

调查区共有 228 户样本户采用少免耕技术，占样本总数的 98.28%。其中，有 91 户规模农户采用少免耕技术，占规模农户样本数的 96.81%；137 户普通农户采用少免耕技术，占普通农户样本数的 99.28%。227 户采用秸秆还田技术，占样本总数的 97.84%。其中，规模农户全部采用秸秆还田技术；普通农户共有 133 户采用秸秆还田技术，占普通农户的 96.38%。

调查区样本户都在一定程度上采用了保护性耕作技术。从保护性耕作核心技术的平均采用项数看，全部样本户采用保护性耕作核心技术的项数平均为 2.29 项。规模农户和普通农户采用保护性耕作核心技术的平均项数分别为 2.48 项和 2.16 项。规模农户保护性耕作核心技术的采用程度明显高于普通农户。

保护性耕作技术采用情况如表 5-2 所示。

**表 5-2 保护性耕作技术采用情况**

| 指标 | 全部样本 | 规模农户 | 普通农户 |
|---|---|---|---|
| 少免耕播种（户数/占比，户/%） | 228（98.3） | 91（96.8） | 137（99.3） |
| 深松整地（户数/占比，户/%） | 76（32.8） | 48（51.1） | 28（20.3） |
| 秸秆还田（户数/占比，户/%） | 227（97.8） | 94（100） | 133（96.4） |
| 采用 1 项 CT 技术（户数/占比，户/%） | 7（3.0） | 3（3.2） | 4（2.9） |
| 采用 2 项 CT 技术（户数/占比，户/%） | 151（65.1） | 43（45.7） | 108（78.3） |
| 采用 3 项 CT 技术（户数/占比，户/%） | 74（31.9） | 48（51.1） | 26（18.8） |

数据来源：笔者调研。

### 3. 模型变量的统计特征

计量模型中各变量的描述性统计特征如表 5-3 所示。

**表 5-3 模型中各变量的描述统计特征**

| 变量 | 符号 | 含义及赋值 | 均值 | 标准差 | 最大值 | 最小值 |
|---|---|---|---|---|---|---|
| 保护性耕作核心技术采用项数 | $y_1$ | 单位：项 | 2.289 | 0.517 | 3 | 1 |
| 主要务农人口年龄 | $x_1$ | 单位：岁 | 51.763 | 10.329 | 76 | 22 |

续表

| 变量 | 符号 | 含义及赋值 | 均值 | 标准差 | 最大值 | 最小值 |
|---|---|---|---|---|---|---|
| 主要务农人口受教育年限 | $x_2$ | 文盲=0，小学=6，初中=9，高中/中专=12，大专=15 | 8.379 | 2.833 | 15 | 0 |
| 主要务农人口是否曾外出务工 | $x_3$ | 是=1，否=0 | 0.246 | 0.431 | 1 | 0 |
| 种粮收入占家庭收入比重 | $x_4$ | 用小数表示 | 0.622 | 0.325 | 1 | 0.05 |
| 地块面积 | $x_5$ | 单位：$hm^2$ | 1.601 | 3.091 | 30 | 0.068 |
| 是否科技示范户 | $x_6$ | 是=1，否=0 | 0.310 | 0.464 | 1 | 0 |
| 参加农业技术培训次数 | $x_7$ | 单位：次 | 0.974 | 1.718 | 10 | 0 |
| 是否参加了合作社 | $x_8$ | 是=1，否=0 | 0.263 | 0.441 | 1 | 0 |
| 核心技术认知与评价 | $x_9$ | 赋值0~3 | 2.698 | 0.513 | 1 | 0 |
| 种植制度 | $x_{10}$ | 麦玉=1，麦稻=0 | 0.496 | 0.501 | 1 | 0 |

注：$x_9$"核心技术认知与评价"包括3个问题："对深松技术的评价"回答"好"得1分，回答"不好""不确定""说不清楚"或"没听说过"得0分；"对秸秆还田技术的评价"回答"好"得1分，回答"不好"或"不确定"得0分；"对长期浅层耕作（少免耕）危害的认知"能回答出"土壤板结"得1分，回答不出"土壤板结"得0分。

## 三、结果与分析

使用Stata13.1软件，分别对不包括地块面积平方、包括地块面积平方的模型进行估计，得到模型1和模型2的估计结果；采用后向逐步回归法，首先删掉经济层面和统计层面都不显著的$x_8$（是否参加合作社）、$x_7$（参加农业技术培训次数）两个变量，得到模型3和模型4的估计结果；进一步删掉统计意义不显著的$x_3$（主要务农人口是否曾外出务工）、$x_4$（种粮收入占家庭总收入比重）两个变量，得到模型5和模型6的估计结果。

比较上述6个模型，综合考虑变量的系数及统计上的显著程度，最终采用模型6。根据调查区样本的实证检验，认为在统计上地块面积的平方项对保护性耕作技术采用程度的影响不显著。关于经营规模对农户采用保护性耕作技术的影响是否存在倒"U"形关系有待进一步验证。模型估计结果如表5-4所示。

表 5-4　保护性耕作技术采用模型估计结果

| 变量 | 模型 1 | 模型 2 | 模型 3 | 模型 4 | 模型 5 | 模型 6 |
|---|---|---|---|---|---|---|
| 主要务农人口年龄（$x_1$） | −0.022 (0.017) | −0.023 (0.017) | −0.022 (0.017) | −0.023 (0.017) | −0.023 (0.016) | −0.024 (0.016) |
| 主要务农人口受教育年限（$x_2$） | −0.093 (0.059) | −0.095 (0.059) | −0.089 (0.057) | −0.091 (0.057) | −0.090 (0.057) | −0.092 (0.057) |
| 主要务农人口是否曾外出务工（$x_3$） | 0.323 (0.368) | 0.318 (0.367) | 0.333 (0.366) | 0.329 (0.365) | — | — |
| 种粮收入占家庭收入比重（$x_4$） | 0.414 (0.498) | 0.431 (0.496) | 0.406 (0.495) | 0.423 (0.493) | — | — |
| 地块面积（$x_5$） | 0.175 (0.115) | 0.133* (0.072) | 0.179 (0.114) | 0.139* (0.072) | 0.194* (0.111) | 0.150** (0.071) |
| 地块面积的平方（$x_5$） | −0.003 (0.006) | — | −0.003 (0.006) | — | −0.003 (0.006) | — |
| 是否科技示范户（$x_6$） | 0.752** (0.379) | 0.770** (0.376) | 0.860** (0.346) | 0.881** (0.342) | 0.805** (0.341) | 0.827** (0.338) |
| 参加农业技术培训次数（$x_7$） | 0.087 (0.102) | 0.085 (0.102) | — | — | — | — |
| 是否参加了合作社（$x_8$） | −0.013 (0.405) | 0.003 (0.403) | — | — | — | — |
| 核心技术认知与评价（$x_9$） | 0.907*** (0.335) | 0.913*** (0.335) | 0.856*** (0.318) | 0.865*** (0.318) | 0.807** (0.314) | 0.817*** (0.314) |
| 种植制度（$x_{10}$） | 0.860*** (0.333) | 0.864*** (0.332) | 0.881*** (0.331) | 0.885*** (0.331) | 0.732** (0.306) | 0.734** (0.305) |
| Log likelihood | −150.710 | −150.815 | −151.562 | −151.661 | −152.327 | −152.451 |
| Pseudo $R^2$ | 0.129 | 0.128 | 0.129 | 0.128 | 0.124 | 0.123 |
| Prob.>chi2 | 0.000 | 0.000 | 0.000 | 0.000 | 0.000 | 0.000 |

注：***、**、*分别表示在1%、5%和10%的统计水平上显著。

根据模型结果可以看出：

第一，家庭主要务农人口的年龄对保护性耕作技术采用程度有负向影响，与预期相符；主要务农人口的受教育年限对保护性耕作技术采用程度有负向影响，与预期不符。但是，这两个变量在统计上都不显著，说明就样本户而言，务农人口的年龄和受教育年限对保护性耕作技术采用程度没有显著影响，这可能与该项技术本身的特点有关，农机技术由机械完成，而当前主要通过农机服务市场获得，因此家庭主要务农人口的个人特征对保护性耕作技术采用程度没有明显影响；家庭主要务农人口是否有外出务工经历没有显著影响也是这一原因。

第二，地块面积对保护性耕作技术采用程度具有显著的正向影响，在5%的统计水平上显著，与预期相符。从地块层面上，研究证明规模扩大有利于提高保护性耕作技术的采用程度。调查区少免耕播种和秸秆还田技术已基本普及，但是深松整地技术采用程度较低，作为一种农机化技术，较大的地块面积便于使用大型农机，因此能够促进深松整地等保护性耕作技术采用。

第三，科技示范户的保护性耕作技术采用程度明显高于非科技示范户，在5%的统计水平上显著，与预期相符。当前深松整地机械作业主要由政府主导进行推广，通过深松作业补助形式推进，约有一半进行深松的土地可获得深松补贴，由中标的农机合作社承担深松作业任务，主要向规模农户、家庭农场、专业合作社等新型农业经营主体倾斜。也就是说，是否进行深松很大程度是政府主管部门推广示范的结果，因此科技示范户更可能被选中获得这项服务。

第四，核心技术认知与评价对保护性耕作技术采用程度具有显著的正向影响，在1%的置信水平上显著。核心技术认知与评价包括对深松、秸秆还田技术的评价和对长期少免耕播种危害的认知。少免耕播种和秸秆还田技术的推广时间相对较长，采用率较高，若家庭主要务农人口了解长期少免耕会造成土壤板结则有助于采用深松技术。因此，对保护性耕作核心技术的认知程度与评价越高，其技术的总体采用程度也越高。

第五，种植制度在5%的置信水平上显著影响保护性耕作技术的采用程度。小麦—玉米轮作种植制度下保护性耕作技术采用程度显著高于小麦—水稻种植制度下保护性耕作技术采用程度。重要原因在于保护性耕作是一种旱作农业技术，具有较强的节水保墒功效；相对而言，旱地对保护性耕作技术的需求程度高于水田，因此其采用程度也相应地高于水田。

## 四、结论与启示

### 1. 主要结论

本节根据山东省郯城县和宁阳县小麦种植户的调查数据，采用

Ordered Logit 模型实证分析了保护性耕作核心技术采用程度的影响因素。得到如下主要结论：

第一，初步推断扩大土地经营规模有助于农户采用保护性耕作技术。土地规模对秸秆还田、少免耕等使用中小型机具的技术不形成限制，目前这两项技术已基本普及；但深松整地环节使用大型农机，需要较大的耕地面积才能发挥优势。本节发现，地块面积对保护性耕作技术采用程度有显著的正向影响，从地块层面证明了扩大土地经营规模有利于保护性技术推广。

第二，科技示范户比非科技示范户保护性耕作技术采用程度高。我国2005年开始实施科技入户示范工程，目前科技示范户已经成为基层农技推广的重要力量。农业新技术推广初期，往往通过各种农技推广补助项目选取部分农户进行免费示范，这时科技示范户更有可能被选取获得各种新产品、新技术服务，由此可以更好地提高科技示范户的积极性，使其积极配合科技指导员做好农业生产示范工作。

第三，核心技术的认知和评价对农户保护性耕作技术采用程度具有显著正向影响。调查区少免耕播种和秸秆还田技术已基本普及，但是深松整地技术采用率较低，如果农户了解长期少免耕播种会造成土壤板结、耕层变浅，需要通过深松疏松土壤、加深耕层，则更可能采用深松整地技术，从而提高其保护性耕作技术采用程度。此外，小麦—玉米轮作地区比小麦—水稻轮作地区保护性耕作技术采用程度更高。

2. 政策启示

通过上述分析可得到如下政策启示：

第一，本节的实证研究表明，地块面积对保护性耕作技术采用程度具有显著的正向影响，从地块层面证明了扩大土地经营规模有助于农户采用保护性耕作技术。从促进资源节约、环境友好型农业技术采用和建设绿色、低碳、循环农业的角度出发，应采取一定的政策措施，通过流转、置换、转包等多种方式在农户之间和地块之间进行土地整合，尤其鼓励相邻地块的流转整合和连接成片，形成适度经营规模。

第二，强化科技入户等农技推广模式，注重政府在基层农技推广中的作用。除继续发挥好基层公共农技推广在提高科技示范户技术采纳水平方面的直接效应外，还应通过基层农技员和科技示范户进一步扩散技术知识与信息，发挥示范户的示范带动作用。另外，通过农机服务补贴等方式促进保护性耕作技术采用。

第三，加强对保护性耕作技术作用的宣传和推广示范，组织力量并投入经费宣传保护性耕作技术在降低生产成本、增加作物产量、保护生态环境等方面的作用，从而提高农户对保护性耕作技术的认知认可程度和采用意愿。

# 第三节 规模分化背景下农机服务的实现方式

农户规模分化背景下保护性耕作的实现方式包括持有机械自我服务和购买农机社会化服务。保护性耕作技术的实现需要大马力拖拉机牵引相关专用机具完成，购买大马力拖拉机和相关机械是一笔不小的费用。随着农业劳动力非农就业和农地流转，农户分化为家庭农场、专业大户等新型农业经营主体和传统的小规模经营的普通农户。对于传统的小规模经营的普通农户来说，一方面机械购置成本较高，初始费用可能难以支付；另一方面，由于经营规模较小，即使购买也不能充分使用。因此，传统小规模农户大多需要通过农机服务市场获得农机作业服务，即购买社会化服务是传统小规模农户获取农机作业服务的最优选择。例如，宋海英等（2015）发现，社会化服务已经成为大多数小麦种植户农机作业的首选；纪月清等（2016）发现，耕地和收割环节分别有70.54%和66.83%的农户全部采用农机社会化服务，老龄户和女性户更加偏向于采用农机社会化服务。

蔡键和唐忠（2016）分析华北平原农机作业服务市场出现的原因发现，劳动力与资本相对价格上升是农业机械化发展的前提条件，家庭式小规模经营与平原地区适宜发展大型农机的地貌条件不匹配是该区出现农机服务市场的根本原因。保护性耕作技术需要保护性耕作机械来完成，应该由农户家庭购买保护性耕作机械自我式服务还是由农机服务组织购买保护性耕作机械为农户提供社会化服务？在当前我国农机作业服务市场已经形成的背景下，保护性耕作技术的采用转化为农机服务方式的选择：是购买机械自我服务还是购买社会化服务。

当前，虽然家庭农场、专业大户等新型农业经营主体发展迅速，并已成为农业生产的重要力量，但传统的小规模经营的普通农户在数量上仍占绝对优势，且由其经营的农地总面积也仍然超过新型农业经营主体。由于在短期内小农户不可能完全退出农业，其家庭从事农业的劳动力呈现出较明显的老龄化、女性化、兼业化特点，这种情况下如果继续直接经营农业的话就需要借助社会化服务将一些劳动强度大、技术含量高的生产环节外包出去。可见，对于传统的小规模农户来说，问题的关键不是如何促进其对农业社会化服务的需求，而是要保障农业社会化服务的供给，当前主要是培育新型农业服务主体。当然，从提高农业生产效率的角度还是应该鼓励老龄化、副业化极为严重的那些小农户将部分生产环节甚至全部生产经营过程外包给专业化的服务组织，直至退出农业经营。

本节在农户规模分化和农机服务市场形成的背景下研究保护性耕作农机服务的实现方式，探讨农户规模分化与保护性耕作农机服务采用状况以及获取方式之间的关系，并通过定量、定性分析解释这些因素之间的相关性，从而为农户规模分化、农业专业化分工、农机服务市场形成背景下促进保护性耕作农机服务的采用提供政策依据。

## 一、分析框架

对于家庭农场等规模农户，由于经营规模相对较大，单位面积分摊的机械购置成本降低，可能会考虑是购买相关机械进行自我式服务，还是通过农机作业服务市场获得农机社会化服务的选择。本研究认为，规模农户在做出是否购买大型农机进行自我服务的决策时，存在一个最小经营规模的"门槛值"，在这个经营规模以下，购买机械的边际成本大于边际收益，合理选择是通过农机服务市场获取农机作业社会化服务；只有经营规模达到"门槛值"以上，单位面积分摊的机械购置成本和燃料、损耗等各种成本总和小于农机作业服务价格，规模农户才会选择持有机械自我服务。

在不考虑折现率、农机服务价格波动和农机手工资价格波动等因素的情况下，一个简化的农户购买大型农机（少免耕播种机械、收割机械、深松机具、大马力拖拉机等）的最小经营规模"门槛值"的计算公式为：

$$\frac{C_m}{N \cdot S^*} + \frac{C_l}{S_d} + C_f \leq C_s \tag{5-6}$$

即 $S^* \geqslant \dfrac{C_m}{N\left(C_s - C_f - \dfrac{C_l}{S_d}\right)}$ (5-7)

其中，$C_m$ 为某种机械的购置、维修保养等固定成本；$N$ 为机械的使用年限；$S^*$ 为合理的土地经营面积；$C_s$ 为某项作业的农机作业服务价格；$C_f$ 为单位面积土地进行该项作业消耗的燃料费；$C_l$ 为农机手的日工资；$S_d$ 为日作业面积。

通过购买机械完成耕、种、收等作业的规模农户，还面临是购买节本增产增效但价格较高的保护性耕作机械还是购买其他替代机械的选择。调查区域的秸秆还田作业主要通过收割时将秸秆粉碎，再使用旋耕机将根茬旋到地里，少免耕播种作业包括旋耕播种两步式和少免耕播种一体式；秸秆还田和两步式旋耕播种作业采用率较高，少免耕播种一体式作业的采用率较低。深松整地作业平均 3~5 年进行 1 次即可，目前还在推广阶段，主要是通过上级主管部门向下级主管部门下达年度深松任务的方式，约有一半进行深松的耕地可以获得深松作业补贴，由农业管理部门向社会公开招标，由政府购买服务，中标的农机合作社承接深松作业补贴项目，农户免费获得深松服务。

# 二、研究方法

## 1. 模型方法

本节考察农户对保护性耕作农机服务实现方式的选择，包括持有机械自我服务和购买农机社会化服务。从耕、种、收三大环节来看，样本户中有 197 户全部采用社会化服务，即不存在持有机械自我服务的环节；9 户样本户在 1 个环节持有耕种机械自我服务，20 户样本户在 2 个环节持有机械自我服务，6 户样本户在 3 个环节均为自家机械自我服务。

以农户持用保护性耕作机械自我服务的环节数作为被解释变量，被解释变量为非负整数，因此使用计数模型。根据样本数据，被解释变量的方差明显大于期望，且含有大量的"0"值，考虑使用零膨胀负二项回归模型。

假设被解释变量 $Y_i$ 服从如下"混合分布"：

$$\begin{cases} P(Y_i = 0 \mid x_i) = \varphi + (1 - \varphi)P(K_i = 0 \mid x_i) \\ P(Y_i = y_i \mid x_i) = (1 - \varphi)P(K_i = y_i \mid x_i), \; y_i = 1, \; 2, \; \cdots \end{cases} \tag{5-8}$$

其中，参数 $\varphi$ 为结构 0 的比例，$0 < \varphi < 1$；$K_i$ 是负二项分布。

2. 解释变量选取

农机服务方式选择模型主要从农户家庭禀赋、技术采用环境特征、核心技术认知与评价和种植制度 4 个方面选取解释变量。

农户家庭禀赋部分选取经营耕地面积、流转土地年数为解释变量，预期经营耕地面积较大、流转土地年数较长的农户更可能持有机械自我服务。技术采用环境特征部分选取是否为科技示范户作为解释变量。核心技术认知与评价部分选取受访者对各项保护性耕作技术的评价作为解释变量。当前农户持有的农机多为小型机械，深松整地等需要大型机械作业的技术主要通过农机服务市场获取，因此对该项技术评价越高，越可能采用农机服务市场购买社会化服务。调查地区是一年两季种植制度，其中 3 个乡镇是小麦—玉米轮作制，2 个乡镇是小麦—水稻轮作制。种植制度即小麦—玉米轮作种植或小麦—水稻轮作种植。

# 三、数据来源与基本统计分析

1. 数据来源

本节数据来源于 2017 年 8 月对山东省郯城县和宁阳县小麦种植户的调查，包括郯城 3 个乡镇（花园乡、泉源乡、归昌乡）和宁阳县 2 个乡镇（磁窑镇、伏山镇），主要选取了农地流转程度较高、农业机械化较发达的乡镇。在当地政府部门的配合下获取到规模农户的名单，每个乡镇抽取了种粮大户较集中的 3~5 个村。此次调查共获取了 240 份问卷，剔除 7 户农业收入比重低于 5% 的样本和 1 户信息较多缺失的样本，获得 232 份有效的小麦种植户样本。

样本户包括 94 户耕地面积在 3.33hm² （50 亩）及以上的规模农户和 138 户耕地面积在 3.33hm² （50 亩）以下的普通农户，分别占样本总数的 40.52% 和 59.48%；其中，规模农户平均耕地面积为 8.79hm² （131.81 亩），普通农户平均耕地面积为 0.66hm² （9.86 亩）。样本户在各乡镇分布为：花园乡 64 户、泉源乡 42 户、归昌乡 53 户、磁窑镇 28 户、伏山镇 45 户。

### 2. 描述统计分析

农机服务方式如表 5-5 所示。调查区共有 31 户样本户自家拥有耕种机械，占样本总数的 13.36%。其中，24 户规模农户（21 户只有耕作机械，无播种机械）自家拥有耕种机械，占规模农户样本数的 25.53%；7 户普通农户自家拥有耕种机械，占普通农户样本数的 5.07%。共有 8 户样本户自家拥有收割机械，其中，7 户规模农户自家拥有收割机械，占规模农户样本数的 7.45%；1 户普通农户自家拥有收割机械，占普通农户样本数的 0.72%。

**表 5-5　保护性耕作技术的农机服务实现方式**

| 指标 | 全部样本户 | 规模农户 | 普通农户 |
| --- | --- | --- | --- |
| 耕整自我服务（户数/占比，户/%） | 30 (12.9) | 24 (25.5) | 6 (4.3) |
| 播种自我服务（户数/占比，户/%） | 29 (12.5) | 21 (22.3) | 8 (5.8) |
| 收割自我服务（户数/占比，户/%） | 8 (3.4) | 7 (7.4) | 1 (0.7) |
| 自我服务 0 个环节（户数/占比，户/%） | 197 (84.9) | 69 (73.4) | 128 (92.8) |
| 自我服务 1 个环节（户数/占比，户/%） | 9 (3.9) | 4 (4.2) | 5 (3.6) |
| 自我服务 2 个环节（户数/占比，户/%） | 20 (8.6) | 15 (16.0) | 5 (3.6) |
| 自我服务 3 个环节（户数/占比，户/%） | 6 (2.6) | 6 (6.4) | 0 (0) |

数据来源：笔者调研。

### 3. 模型变量的统计特征

计量模型中各变量的描述性统计特征如表 5-6 所示。

**表 5-6　模型中各变量的描述性统计特征**

| 变量 | 符号 | 含义及赋值 | 均值 | 标准差 | 最大值 | 最小值 |
| --- | --- | --- | --- | --- | --- | --- |
| 持有农机自我服务环节项数 | $y_2$ | 单位：项 | 0.289 | 0.732 | 3 | 0 |
| 是否科技示范户 | $x_6$ | 是=1，否=0 | 0.310 | 0.464 | 1 | 0 |
| 核心技术认知与评价 | $x_9$ | 赋值 0~3 | 2.698 | 0.513 | 1 | 0 |
| 种植制度 | $x_{10}$ | 麦玉=1，麦稻=0 | 0.496 | 0.501 | 1 | 0 |
| 流转土地年数 | $x_{11}$ | 单位：年 | 2.121 | 3.505 | 20 | 0 |
| 经营耕地面积 | $x_{12}$ | 单位：$hm^2$ | 3.951 | 10.327 | 146.667 | 0.068 |

注：$x_9$ "核心技术认知与评价"包括 3 个问题："对深松技术的评价"回答"好"得 1 分，回答"不好""不确定""说不清楚"或"没听说过"得 0 分；"对秸秆还田技术的评价"回答"好"得 1 分，回答"不好"或"不确定"得 0 分；"对长期浅层耕作（少免耕）危害的认知"能回答出"土壤板结"得 1 分，回答不出"土壤板结"得 0 分。$x_{11}$ "流转土地年数"为左侧截断数据，如果是规模农户则为其实际转入土地年数（用 2017 减去开始转入土地年份），如果是普通农户则为 0。

## 四、结果与分析

使用 Stata13.1 软件，采用零膨胀负二项回归，得到模型估计结果如表5-7 所示。

**表 5-7 农机服务实现方式模型估计结果**

| 变量 | 系数 | 标准误差 | Z 统计量 | P>|z| |
|---|---|---|---|---|
| 是否科技示范户 $(x_6)$ | −0.197 | 0.440 | −0.447 | 0.655 |
| 核心技术认知与评价 $(x_9)^{***}$ | −0.628 | 0.116 | −5.423 | 0.000 |
| 种植制度 $(x_{10})$ | −0.152 | 0.394 | −0.386 | 0.700 |
| 流转土地年数 $(x_{11})^{***}$ | 0.177 | 0.059 | 2.976 | 0.003 |
| 经营耕地面积 $(x_{12})$ | 0.007 | 0.030 | 0.225 | 0.822 |
| Log likelihood = −141.697 | | | | |

注：*** 表示在1%的统计水平上显著。

根据模型结果可以看出：

第一，核心技术认知与评价对农户持有机械自我服务具有显著负向影响，在1%的置信水平上显著。被解释变量为持有农机自我服务的环节个数，从当前农户持有农机种类来看，大多为小型机械，无法完成像深松整地等需要大型机械的保护性耕作农机作业，如果对保护性耕作技术认知和评价较高，反而更可能通过农机服务市场购买社会化服务。

第二，流转土地年数对持有机械自我服务具有显著正向影响，在1%的置信水平上显著。一方面规模农户比普通农户持有机械自我服务的可能性更大，另一方面随着转入土地年数的增长，规模农户越可能购置机械，由此导致流转土地年数促进农户选择持有机械自我服务。

第三，是否为科技示范户和种植制度对持有机械自我服务具有负向影响，经营耕地面积对持有机械自我服务具有正向影响，但是在统计上都不显著，说明就调查样本而言，是否为科技示范户、种植制度和经营耕地面积对持有机械自我服务还是采用社会化服务没有明显影响。

## 五、结论与启示

1. 主要结论

通过上述分析得到如下结论：一方面，从农机服务实现方式看，当前农户持有的农机大多为小型农机，无法完成深松整地等保护性耕作核心技术。因此，对保护性耕作核心技术认知和评价越高的农户持有机械自我服务的可能性越小，反而越可能采用农机社会化服务。另一方面，规模农户随着流转土地年数长的增长，资金实力、种植技术和市场交易等方面的经验能力逐渐积累，持有机械自我服务的可能性增大。

2. 政策启示

农地流转的大规模推进造成规模农户的扩张和小规模农户的萎缩，反映在农业社会化服务方面就是需求结构和供给结构的双重分化。因此，在构建新型农业社会化服务体系的过程中，需要更多地扶持小农户的社会化服务体系建设。在农机服务的实现方式上，一方面着力培育农机社会化服务供给主体，发展农业服务公司、农机合作社、农机大户等农机社会化服务组织；另一方面就保护性耕作技术的推广而言，继续通过农机购置补贴等倾斜政策增加深松整地、秸秆还田等保护性耕作机械的购置量，从保障保护性耕作农机社会化服务供给的角度促进技术采用和农机服务方式的转变。

# 第六章　结　论

为应对因碳排放增加所带来的全球气候变化问题，中国农业的应对措施和未来发展方向就是要大力发展低碳生产。除了政府部门的积极推动外，农业生产低碳化转型的实现还必须依靠农业生产主体的参与，在我国主要是众多分散小农户的参与。由于低碳农业是一个新的概念，而农户的生产行为也包括一系列生产活动，为此需要首先构建一个综合评价体系，对农户农业生产行为的低碳化程度进行综合评价。

与此同时，农业劳动力非农就业和农地流转使同质农户在就业领域和经营规模等方面发生分化，因此在研究农业低碳化转型路径和实现方式时有必要将农业分工和农户分化等经济社会背景考虑在内。在现有文献的基础上，本书构建了宏观层面的农业碳排放测度体系和微观农户的低碳生产行为评价指标体系；在测度和分析宏观层面农业碳排放量及其决定因素的基础上，从微观层面实地考察农户农业生产行为中的碳排放情况，并对影响农户进行低碳农业生产的因素进行定性和定量分析；继而针对化肥施用和农田耕作两个碳排放主要来源，从宏观层面分解了粮食主产区化肥施用量增长的驱动因素，从微观层面构建了保护性耕作生态效益补偿机制，并比较了不同规模农户的施肥行为特征，分析了农户分化背景下保护性耕作农机服务的实现方式及其影响因素。最终得出如下结论：

第一，从文献分析来看，现有的气候变化和农业碳排放研究大多着眼于宏观层面，偏重定性分析，缺少对微观农户农业碳排放行为的定量分析；下一步的研究应重视微观层面，以农业碳足迹测度为基础，实证分析当前经济和社会发展中的重要问题，如农业劳动力非农就业、农地流转等因素对微观农户农业碳排放行为的影响。农业碳减排及农户施肥行为方面，现有的研究大多把农户作为同质的农业生产主体，而未考虑非农就业、农地流转等因素导致的农户在就业领域、经营规模等方面的分化，下一步应着眼于上述经济社会环境的变化。保护性耕作采用方面，一方面缺乏完善的生态效益补偿机制，另一方面现有研究大多把保护性耕作仅作为一种技术，而未考虑农业分工和专业化导致农机服务市场形成，从而使保护性耕作技术的实现除通过持有农机自我服务外，还可借助社会化服务。未来的研究应将农业分工、农户分化等因素纳入分析框架，通过宏观和微观两个层面的研究，探寻肥料施用、保护性耕作等重点环节农业节能减排固碳的实现路径与政策选择。

第二，通过构建农业碳排放测度体系并对全国进行测度，表明将能源和农用化学品引起的碳排放排除在农业碳排放核算体系外的 IPCC 方法严重低估了农业对碳排放的贡献，按照这一方法计算的中国农业碳排放量占农业碳排放总量的比重由 1985 年的 79.67%降至 2015 年的 66.30%。随着能源和农用化学品碳排放比重的不断升高，IPCC 方法明显不能适应农业碳减排理论研究和政策制定的要求，从生命周期角度出发的碳足迹核算是农业碳排放测度的较好方法。1985~2015 年中国农业碳排放的测度表明，中国农业碳排放总量呈上升趋势，农业碳排放强度呈下降趋势，农业碳排放结构中能源和农用化学品引起的碳排放比重不断上升，农业碳排放逐渐从主要来自种养自然源发展到能源和农用化学品与种养自然源排放比重大致相当的状况。中国农业碳排放强度决定因素的协整分析表明，从长期来看，农用能源强度、氮肥在化肥中的比重和畜牧业在农业中的比重对农业碳排放强度具有正向影响，降低能源强度、氮肥比重和畜牧业比重能够起到降低农业碳排放强度的效果，其中控制氮肥施用比重的影响最大；农业公共投资水平对农业碳排放强度具有负向影响，表明增加农业公共投资能在一定程度上降低农业碳排放强度。

第三，农户低碳生产行为评价指标体系构建及实证中，从生产要素碳排放、生态效应和经济效益 3 个方面构建了包含 3 个准则层、13 个二级指标的评价体系，得出碳生产率是评价农户低碳生产行为的最重要指标，其次是氮肥施用强度、土地生产率和秸秆利用率。调查区农户低碳生产行为综合评价指数平均值处于中碳区间，70%左右的农户属于中碳生产，20%左右的农户达到近低碳等级，10%左右的农户处于较高碳区间，即中碳生产占主体地位。准则层中，样本户的经济效益准则层指数较低，生产要素碳排放和生态效应准则层指数相对比较高；指标层中，样本户劳动生产率、成本收益率和有机肥施用率的标准化值较低。

第四，采用 Ordered Probit 模型对辽宁省辽中县稻农非农就业与农业碳排放行为的关系进行了实证分析，结果表明，兼业将促使农户采取高碳生产行为，表现为兼业农户更多地使用化肥和农机作业服务。扩大种植规模将促使农户采取高碳农业生产行为，种植规模越大，越需要依靠化肥、农机替代和协助人力完成农业生产，由于使用能源和化肥造成的碳密度越高。提高地块集中程度因为合理配置生产要素而减少能源和农用化学品浪费，进而促进农户的低碳生产行为和降低农业碳排放。

第五，采用因素分解模型对我国粮食主产区化肥施用量增长的驱动因素进行了分解分析，得出 2005~2015 年粮食主产区化肥施用量增长的主要原因是施用强度提高，其次是播种面积增加，种植结构调整的贡献较小。但 2010 年以来，化肥施用强度提高的贡献在下降，种植结构调整的贡献在上升。分作物看，粮食作物化肥施用强度提高和播种面积增加是粮食主产区化肥施用量增长的主要动因，其次是园艺作物施用强度提高和播种面积增加，传统经济作物的化肥施用量增长很少。分区域看，北方主产区化肥施用量增长的主要驱动因素是化肥施用强度提高，其次是播种面积增加；南方主产区播种面积增加和施用强度提高的累计贡献量大致相当。

第六，基于辽宁省辽中县稻农的调查数据对非农就业、农地流转与农户农家肥施用及化肥碳排放程度之间的关系进行的实证分析表明，当非农就业出现后，由此导致的兼业经营和农地流转势必会影响农户施用农家肥的行为及化肥碳排放程度。Ⅰ兼户比纯农户转入土地的可能性更高，现有耕地面积较大、地块块数较多的农户更可能转入土地。适当从事非农就业不会影响农户施用农家肥，但是以非农业为主的兼业会阻碍农户施用农家肥；稳定的产权对农户施用农家肥有促进作用，转入耕地会降低农户施用农家肥的可能性；扩大种植面积和发展畜牧业有利于激励农户进行农家肥等环境友好型投资。Ⅱ兼户比纯农户具有更高的化肥碳排放程度，Ⅰ兼户的化肥碳排放程度与纯农户无明显差别，现有土地面积正向影响农户的化肥碳排放程度，施用农家肥对农户的化肥碳排放程度无显著影响。

第七，保护性耕作生态效益补偿研究中，以旋耕/深松轮耕方式为例，借鉴农业生态学等学科的研究成果，测算出研究区域长期旋耕后进行深松的净碳汇为 8.02tCe/hm²。基于山东省临沂市郯城县和泰安市宁阳县的小麦—玉米轮作种植户的调查数据，测算出保护性耕作（旋耕/深松）的机会成本为负数（-48 元/亩），通过条件价值评估法测度出农户受偿意愿为 496.96 元/hm²（即 33.13 元/亩）。根据单位面积净碳汇量和单位碳汇市场价格，计算出保护性耕作（旋耕/深松）的碳汇效益为 339.77 元/ hm²（即 22.65 元/亩）。以机会成本损失为下限，以碳汇效益为上限，以农户受偿意愿为参照标准，结合深松补贴情况，确定保护性耕作碳汇生态效益补偿标准为：普惠情况下——[0，339.77/hm²]；补助 1/2 深松面积情况下——[0，679.50 元/hm²]；补助 1/3 深松面积情况下——[0，1019.25 元/hm²]。结合农机深松作业价格和农机深松补贴标准，确定在 525 元/hm²（即 35 元/亩）深松补贴标准下，补助面积可由 1/3 扩大到 1/2，但不要超过深松面积的 2/3。

第八，以小麦种植户为例，在农户分化和农业分工背景下，分析了保护性耕作技术采用和农机服务方式选择的影响因素。结果表明，规模农户对保护性耕作技术的采用程度高于普通农户，普通农户选择社会化服务的比例高于规模农户。地块面积、核心技术认知和评价对保护性耕作技术采用程度有显著正向影响，科技示范户、麦—玉轮作区比非科技示范户、麦—稻轮作区保护性耕作技术采用程度高。农机服务实现方式方面，保护性耕作核心技术认知和评价越高的农户持有机械自我服务的可能性越小；规模经营且流转土地年数越长越可能持有机械自我服务。

# 参考文献

蔡键、唐忠:《华北平原农业机械化发展及其农机服务市场形成》,《改革》2016 年第 10 期。

蔡派:《中国免耕栽培技术推广现状与展望——兼论粮食生产重大技术补贴政策》,《世界农业》2007 年第 5 期。

蔡荣:《合同生产模式与农户肥料施用结构——基于山东省苹果种植农户调查数据的实证分析》,《农业技术经济》2011 年第 3 期。

蔡荣、蔡书凯:《保护性耕作技术采用及对作物单产影响的实证分析——基于安徽省水稻种植户的调查数据》,《资源科学》2012 年第 9 期。

蔡松锋:《中国农业源非二氧化碳类温室气体减排政策研究》,中国农业科学院硕士学位论文,2011 年。

曹芳萍、沈小波:《我国粮食生产全要素化肥效率研究》,《价格理论与实践》2012 年第 2 期。

曹光乔、张宗毅:《农户采纳保护性耕作技术影响因素研究》,《农业经济问题》2008 年第 8 期。

陈红敏:《包含工业生产过程碳排放的产业部门隐含碳研究》,《中国人口·资源与环境》2009 年第 3 期。

陈瑾瑜、张文秀:《低碳农业发展的综合评价——以四川省为例》,《经济问题》2015 年第 2 期。

陈诗一:《能源消耗、二氧化碳排放与中国工业的可持续发展》,《经济研究》2009 年第 4 期。

陈铁、孟令杰:《土地调整、地权稳定性与农户长期投资——基于江苏省调查数据的实证分析》,《农业经济问题》2007 年第 10 期。

陈卫洪、漆雁斌:《农业产业结构调整对发展低碳农业的影响分析》,《农村经济》2010 年第 8 期。

陈锡文:《统筹城乡发展推进城乡一体化新格局》,《北京观察》2012 年第 4 期。

陈义媛：《土地托管的实践与组织困境：对农业社会化服务体系构建的思考》，《南京农业大学学报》（社会科学版）2017年第6期。

程国强、朱满德：《千方百计调动粮食主产区积极性》，《农业经济与管理》2014年第6期。

程红：《关于秸秆还田碳汇补偿机制的研究——基于济宁市任城区的调查》，西北农林科技大学硕士学位论文，2012年。

褚彩虹、冯淑怡、张蔚文：《农户采用环境友好型农业技术行为的实证分析——以有机肥与测土配方施肥技术为例》，《中国农村经济》2012年第3期。

董红敏、李玉娥、陶秀萍：《中国农业源温室气体排放与减排技术对策》，《农业工程学报》2008年第10期。

杜华章：《江苏省低碳农业发展影响因素的综合分析》，《农业经济与管理》2011年第4期。

杜江、刘渝：《中国农业增长与化学品投入的库兹涅茨假说及验证》，《世界经济文汇》2009年第3期。

冯相昭、邹骥：《中国$CO_2$排放趋势的经济分析》，《中国人口·资源与环境》2008年第3期。

付加锋、庄贵阳、高庆先：《低碳经济的概念辨识及评价指标体系构建》，《中国人口·资源与环境》2010年第8期。

高春雨：《县域农田$N_2O$排放量估算及其减排碳贸易案例研究》，中国农业科学院博士学位论文，2011年。

高琪、张忠潮：《中国保护性耕作生态效益补偿制度的构建》，《世界农业》2015年第5期。

高旺盛：《论保护性耕作技术的基本原理与发展趋势》，《中国农业科学》2007年第12期。

葛继红、周曙东、朱红根：《农户采用环境友好型农业技术行为研究——以配方施肥技术为例》，《农业技术经济》2010年第9期。

葛继红、周曙东：《农业面源污染的经济影响因素分析——基于1978~2009年的江苏省数据》，《中国农村经济》2011年第5期。

葛继红、周曙东：《要素市场扭曲是否激发了农业面源污染——以化肥为例》，《农业经济问题》2012年第3期。

葛继红、周曙东：《环境友好型技术对水稻种植技术效率的影响——以测土配方施肥技术为例》,《南京农业大学学报》(社会科学版) 2012 年第 2 期。

巩前文、张俊飚、李瑾:《农户施肥量决策的影响因素实证分析——基于湖 北省调查数据的分析》,《农业经济问题》2008 年第 10 期。

巩前文、穆向丽、田志宏:《农户过量施肥风险认知及规避能力的影响因素 分析——基于江汉平原 284 个农户的问卷调查》,《中国农村经济》 2010 年第 10 期。

顾莉丽、郭庆海:《中国粮食主产区的演变与发展研究》,《农业经济问题》 2011 年第 8 期。

古南正皓、李世平:《低碳农业补偿机制研究——以粮食种植为例》,《人文 杂志》2014 年第 12 期。

过慈明、惠富平:《近代江南地区化肥和有机肥使用变化研究》,《中国农史》 2012 年第 1 期。

郭运功:《上海市能源利用碳排放足迹研究》,《中国人口·资源与环境》2010 年第 2 期。

韩冰、王效科、逯非:《中国农田土壤生态系统固碳现状和潜力》,《生态学 报》2008 年第 2 期。

韩菡、钟甫宁:《劳动力流出后"剩余土地"流向对于当地农民收入分配的 影响》,《中国农村经济》2011 年第 4 期。

韩洪云、杨增旭:《农户农业面源污染治理政策接受意愿的实证分析——以 陕西眉县为例》,《中国农村经济》2010 年第 1 期。

韩玉、龙攀、陈源泉:《中国循环农业评价体系研究进展》,《中国生态农业 学报》2013 年第 9 期。

何浩然、张林秀、李强:《农民施肥行为及农业面源污染研究》,《农业技术 经济》2006 年第 6 期。

何凌云、黄季焜:《土地使用权的稳定性与肥料使用——广东省实证研究》, 《中国农村观察》2001 年第 5 期。

贺振华:《农户兼业及其对农村农地流转的影响——一个分析框架》,《上海 财经大学学报》2006 年第 2 期。

侯博、应瑞瑶:《分散农户低碳生产行为决策研究——基于 TPB 和 SEM 的 实证分析》,《农业技术经济》2015 年第 2 期。

胡凌啸、周应恒:《农机购置补贴政策对大型农机需求的影响分析——基于农机作业服务供给者的视角》,《农业现代化研究》2016 年第 1 期。

黄敏、蒋琴儿:《外贸中隐含碳的计算及其变化的因素分解》,《上海经济研究》2010 年第 3 期。

黄强、卓成刚、张浩:《土壤碳汇补偿困境及对策研究》,《生态经济》2013 年第 8 期。

黄耀、张稳、郑循华:《基于模型和 GIS 技术的中国稻田甲烷排放估计》,《生态学报》2006 年第 4 期。

黄耀、孙文娟:《近 20 年来中国大陆农田表土有机碳含量的变化趋势》,《科学通报》2006 年第 7 期。

黄祖辉、米松华:《农业碳足迹研究——以浙江省为例》,《农业经济问题》2011 年第 11 期。

纪月清、钟甫宁:《农业经营户农机持有决策研究》,《农业技术经济》2011 年第 5 期。

纪月清、钟甫宁:《非农就业与农户农机服务利用》,《南京农业大学学报》(社会科学版) 2013 年第 5 期。

纪月清、王许沁、陆五一:《农业劳动力特征、土地细碎化与农机社会化服务》,《农业现代化研究》2016 年第 5 期。

姜长云:《着力发展面向农业的生产性服务业》,《宏观经济管理》2010 年第 9 期。

姜长云:《农业产中服务需要重视的两个问题》,《宏观经济管理》2014 年第 10 期。

蒋惠园、白帆:《城市轨道交通低碳经济评价研究》,《铁道运输与经济》2010 年第 9 期。

金琳、李玉娥、高清竹:《中国农田管理土壤碳汇估算》,《中国农业科学》2008 年第 3 期。

李波、张俊飚、李海鹏:《湖北省循环农业发展状况评价与政策建议》,《农业现代化研究》2008 年第 1 期。

李波、张俊飚、李海鹏:《中国农业碳排放时空特征及影响因素分解》,《中国人口·资源与环境》2011 年第 8 期。

李波、张俊飚、李海鹏:《中国农业碳排放与经济发展的实证研究》,《干旱区资源与环境》2011 年第 12 期。

李长生、肖向明、S. Frolking:《中国农田的温室气体排放》,《第四纪研究》

2003 年第 5 期。

李国志、李宗植:《中国农业能源消费碳排放因素分解实证分析——基于 LMDI 模型》,《农业技术经济》2010 年第 10 期。

李静、李红、谢丽君:《中国农业污染减排潜力、减排效率与影响因素》,《农业技术经济》2012 年第 6 期。

李静、李晶瑜:《中国粮食生产的化肥利用效率及决定因素研究》,《农业现代化研究》2011 年第 5 期。

李凯杰、曲如晓:《技术进步对中国碳排放的影响——基于向量误差修正模型的实证研究》,《中国软科学》2012 年第 6 期。

李明贤:《我国低碳农业发展的技术锁定与替代策略》,《湖南农业大学学报》(社会科学版) 2010 年第 2 期。

李明艳、陈利根、石晓平:《非农就业与土地利用行为实证分析:配置效应、兼业效应与投资效应——基于 2005 年江西省调研数据》,《农业技术经济》2010 年第 3 期。

李太平、张锋、胡浩:《中国化肥面源污染环境 EKC 验证及其驱动因素》,《中国人口·资源与环境》2011 年第 11 期。

李卫、薛彩霞、姚顺波:《保护性耕作技术、种植制度与土地生产率——来自黄土高原农户的证据》,《资源科学》2017 年第 7 期。

李卫、薛彩霞、姚顺波:《农户保护性耕作技术采用行为及其影响因素:基于黄土高原 476 户农户的分析》,《中国农村经济》2017 年第 1 期。

李晓燕、邓玲:《城市低碳经济综合评价探索——以直辖市为例》,《现代经济探讨》2010 年第 2 期。

李新华、巩前文:《从"增量增产"到"减量增效":农户施肥调控政策演变及走向》,《农业现代化研究》2016 年第 5 期。

李颖、葛颜祥、刘爱华:《基于粮食作物碳汇功能的农业生态补偿机制研究》,《农业经济问题》2014 年第 10 期。

梁流涛、曲福田、诸培新:《不同兼业类型农户的土地利用行为和效率分析》,《资源科学》2008 年第 10 期。

梁龙、杜章留、吴文良:《北京现代都市低碳农业的前景与策略》,《中国人口·资源与环境》2011 年第 2 期。

梁龙、王大鹏、吴文良:《基于低碳农业的清洁生产与生态补偿——以山东桓台为例》,《中国农业资源与区划》2011 年第 6 期。

廖薇：《土壤碳汇功能与农户耕作行为演变激励》，《技术经济》2009 年第 3 期。

廖薇：《气候变化与农户农业生产行为演变——以四川省什邡市农户秸秆利用行为为例》，《农业技术经济》2010 年第 4 期。

廖西元、陈庆根、王磊：《农户对水稻科技需求优先序》，《中国农村经济》2004 年第 11 期。

廖西元、王志刚、方福平：《我国农民种稻技术调查》，中国农业出版社 2007 年版。

廖媛红：《低碳农业的发展模式研究》，《作物研究》2010 年第 4 期。

刘乐、张姣、张崇尚：《经营规模的扩大有助于农户采取环境友好型生产行为吗——以秸秆还田为例》，《农业技术经济》2017 年第 5 期。

刘七军、李昭楠：《不同规模农户生产技术效率及灌溉用水效率差异研究——基于内陆干旱区农户微观调查数据》，《中国生态农业学报》2012 年第 10 期。

刘勤、何志文、郑砚砚：《农户秸秆还田采用行为影响研究》，《中国农业资源与区划》2014 年第 5 期。

刘奕、张建伦：《农业土壤碳汇视角下农户不同耕作行为选择的影响因素分析——基于四川省都江堰市的调查》，《四川师范大学学报》（社会科学版）2013 年第 4 期。

龙惟定、张改景、梁浩：《低碳建筑的评价指标初探》，《暖通空调》2010 年第 3 期。

吕开宇、仇焕广、白军飞：《玉米主产区深松作业现状与发展对策》，《农业现代化研究》2016 年第 1 期。

吕美蓉、李增嘉、张涛：《少免耕与秸秆还田对极端土壤水分及冬小麦产量的影响》，《农业工程学报》2010 年第 1 期。

吕亚荣、陈淑芬：《农民对气候变化的认知及适应性行为分析》，《中国农村经济》2010 年第 7 期。

逯非、王效科、韩冰：《农田土壤固碳措施的温室气体泄漏和净减排潜力》，《生态学报》2009 年第 9 期。

陆文聪、吴连翠：《兼业农民的非农就业行为及其性别差异》，《中国农村经济》2011 年第 6 期。

栾江、马瑞、李浩：《1998~2013 年中国主要农作物化肥消费的脱钩分析》，

《农林经济管理学报》2015 年第 5 期。

栾江、仇焕广、井月：《我国化肥施用量持续增长的原因分解及趋势预测》，《自然资源学报》2013 年第 11 期。

骆旭添、吴则焰、陈婷：《闽北地区低碳农业效益综合评价体系的构建与应用》，《中国生态农业学报》2011 年第 6 期。

马骥：《农户粮食作物化肥施用量及其影响因素分析——以华北平原为例》，《农业技术经济》2006 年第 6 期。

马骥、蔡晓羽：《农户降低氮肥施用量的意愿及其影响因素分析——以华北平原为例》，《中国农村经济》2007 年第 9 期。

马丽、吕杰：《农户采用保护性耕作技术的行为选择及其影响因素研究——基于辽宁省阜新市 208 户农户的调查与分析》，《调研世界》2010 年第 2 期。

马伦姣：《发展低碳农业面临的挑战与对策思考》，《调研世界》2011 年第 2 期。

马瑞、柳海燕、徐志刚：《农地流转滞缓：经济激励不足还是外部市场条件约束——对 4 省 600 户农户 2005~2008 年期间农地转入行为的分析》，《中国农村经济》2011 年第 11 期。

马贤磊：《现阶段农地产权制度对土壤保护性投资影响的实证分析——以丘陵地区水稻生产为例》，《中国农村经济》2009 年第 10 期。

米建伟、黄季焜、胡瑞法：《转基因抗虫棉推广应用与次要害虫危害的关系——基于微观农户调查的实证研究》，《农业技术经济》2011 年第 9 期。

闵继胜、胡浩：《江苏省农业生产过程中碳减排潜力的理论与实证分析》，《科技进步与对策》2012 年第 8 期。

宁满秀、吴小颖：《农业培训与农业化学要素施用行为关系研究——来自福建省茶农的经验分析》，《农业技术经济》2011 年第 2 期。

潘丹：《中国化肥施用强度变动的因素分解分析》，《华南农业大学学报》（社会科学版）2014 年第 2 期。

潘丹：《中国化肥消费强度变化驱动效应时空差异与影响因素解析》，《经济地理》2014 年第 3 期。

潘根兴、李恋卿、张旭辉：《中国土壤有机碳库量与农业土壤碳固定动态的若干问题》，《地球科学进展》2003 年第 4 期。

潘根兴、赵其国：《我国农田土壤碳库演变研究：全球变化和国家粮食安全》,《地球科学进展》2005年第4期。

彭文英、赵秀池、张士江:《免耕农业的推广及经济补偿问题实探》,《经济与管理研究》2009年第10期。

漆雁斌、毛婷婷、殷凌霄:《能源紧张情况下的低碳农业发展问题分析》,《农业技术经济》2010年第3期。

齐振宏、王培成:《博弈互动机理下的低碳农业生态产业链共生耦合机制》,《中国科技论坛》2010年第11期。

钱加荣、穆月英、陈阜:《我国农业技术补贴政策及其实施效果研究——以秸秆还田补贴为例》,《中国农业大学学报》2011年第2期。

钱忠好:《非农就业是否必然导致农地流转——基于家庭内部分工的理论分析及其对中国农户兼业化的解释》,《中国农村经济》2008年第10期。

乔金杰、穆月英、赵旭强:《基于联立方程的保护性耕作技术补贴作用效果分析》,《经济问题》2014年第5期。

冉光和、王建洪、王定祥:《我国现代农业生产的碳排放变动趋势研究》,《农业经济问题》2011年第2期。

任福兵:《低碳社会的评价指标体系构建》,《江淮论坛》2010年第1期。

任金政、陈宝峰、王小红:《保护性耕作技术推广应用的影响因素研究——以山西省为例》,《技术经济》2009年第5期。

芮雯奕、李玉娥、路明:《保护性耕作下我国农田土壤的固碳效应及其政府补贴策略》,中国农作制度研究进展会议论文集,2008年。

史常亮、郭焱、占鹏:《中国农业能源消费碳排放驱动因素及脱钩效应》,《中国科技论坛》2017年第1期。

施正屏、林玉娟:《低碳农业安全政策模型研究》,《台湾农业探索》2010年第4期。

宋海英、姜长云:《农户对农机社会化服务的选择研究——基于8省份小麦种植户的问卷调查》,《农业技术经济》2015年第9期。

苏卫良、刘承芳、张林秀:《非农就业对农户家庭农业机械化服务影响研究》,《农业技术经济》2016年第10期。

孙建卫、陈志刚、赵荣钦:《基于投入产出分析的中国碳排放足迹研究》,《中国人口·资源与环境》2010年第5期。

孙文华:《农户分化:微观机理与实证分析——基于苏中三个样本村705个农户的调查》,《江海学刊》2008年第4期。

孙新华:《村社主导、农民组织化与农业服务规模化——基于土地托管和联耕联种实践的分析》,《南京农业大学学报》(社会科学版)2017 年第 6 期。

汤秋香、谢瑞芝、章建新:《典型生态区保护性耕作主体模式及影响农户采用的因子分析》,《中国农业科学》2009 年第 2 期。

田慎重:《耕作方式及其转变对麦玉两熟农田土壤 $CH_4$、$N_2O$ 排放和固碳能力的影响》,山东农业大学硕士学位论文,2010 年。

田慎重:《基于长期耕作和秸秆还田的农田土壤碳库演变、固碳减排潜力和碳足迹分析》,山东农业大学博士学位论文,2014 年。

田云、张俊飚、何可:《农户农业低碳生产行为及其影响因素分析——以化肥施用和农药使用为例》,《中国农村观察》2015 年第 4 期。

涂正革:《环境、资源与工业增长的协调性》,《经济研究》2008 年第 2 期。

王锋、吴丽华、杨超:《中国经济发展中碳排放增长的驱动因素研究》,《经济研究》2010 年第 2 期。

王济民、张蕙杰、刘春芳:《我国农业科技推广体系建设研究》,《基层农技推广》2013 年第 8 期。

王金霞、张丽娟、黄季焜:《黄河流域保护性耕作技术的采用:影响因素的实证研究》,《资源科学》2009 年第 4 期。

王平、黄耀、张稳:《1955~2005 年中国稻田甲烷排放估算》,《气候变化研究进展》2009 年第 5 期。

王群伟、周鹏、周德群:《我国二氧化碳排放绩效的动态变化、区域差异及影响因素》,《中国工业经济》2010 年第 1 期。

王珊珊、张广胜:《非农就业对农户碳排放行为的影响研究——来自辽宁省辽中县的证据》,《资源科学》2013 年第 9 期。

王珊珊、张广胜:《农户低碳生产行为评价指标体系构建及应用》,《农业现代化研究》2016 年第 4 期。

王珊珊、张广胜、李秋丹:《我国粮食主产区化肥施用量增长的驱动因素分解》,《农业现代化研究》2017 年第 4 期。

王图展、周应恒、胡浩:《农户兼业化过程中的"兼业效应"和"收入效应"》,《江海学刊》2005 年第 3 期。

王小彬、武雪萍、赵全胜:《中国农业土地利用管理对土壤固碳减排潜力的影响》,《中国农业科学》2011 年第 11 期。

王晓娟、李周：《灌溉用水效率及影响因素分析》，《中国农村经济》2005 年第 7 期。

王效科、李长生、欧阳志云：《温室气体排放与中国粮食生产》，《生态环境》2003 年第 4 期。

王晓娜：《北京地区免耕农业及其经济效益研究》，首都经济贸易大学硕士学位论文，2009 年。

王学渊、赵连阁：《中国农业用水效率及影响因素——基于 1997~2006 年省区面板数据的 SFA 分析》，《农业经济问题》2008 年第 3 期。

王学渊：《基于数据包络分析方法的灌溉用水效率测算与分解》，《农业技术经济》2009 年第 6 期。

王昀：《低碳农业经济略论》，《中国农业信息》2008 年第 8 期。

王振华、李明文、王昱：《技术示范、预期风险降低与种粮大户保护性耕作技术行为决策》，《中国农业大学学报》2017 年第 8 期。

魏梅、曹明福、江金荣：《生产中碳排放效率长期决定及其收敛性分析》，《数量经济技术经济研究》2010 年第 9 期。

吴贤荣、张俊飚：《中国省域农业碳排放：增长主导效应与减排退耦效应》，《农业技术经济》2017 年第 5 期。

项诚、贾相平、黄季焜：《农业技术培训对农户氮肥施用行为的影响——基于山东省寿光市玉米生产的实证研究》，《农业技术经济》2012 年第 9 期。

肖建英、谭术魁、程明华：《保护性耕作的农户响应意愿实证研究》，《中国土地科学》2012 年第 12 期。

谢淑娟、匡耀求、黄宁生：《低碳农业评价指标体系的构建及对广东的评价》，《生态环境学报》2013 年第 6 期。

辛岭、王济民：《我国县域农业现代化发展水平评价——基于全国 1980 个县的实证分析》，《农业现代化研究》2014 年第 6 期。

徐国泉、刘则渊、姜照华：《中国碳排放的因素分解模型及实证分析：1995~2004》，《中国人口·资源与环境》2006 年第 6 期。

许恒周、石淑芹：《农民分化对农户农地流转意愿的影响研究》，《中国人口·资源与环境》2012 年第 9 期。

许庆、章元：《土地调整、地权稳定性与农民长期投资激励》，《经济研究》2005 年第 10 期。

杨红娟、徐梦菲：《少数民族农户低碳生产行为影响因素分析》，《经济问题》

2015 年第 6 期。

杨柳、吕开宇、阎建忠:《农地流转对农户保护性耕作投资的影响——基于四省截面数据的实证研究》,《农业现代化研究》2017 年第 6 期。

杨增旭、韩洪云:《化肥施用技术效率及影响因素——基于小麦和玉米的实证分析》,《中国农业大学学报》2011 年第 1 期。

姚西龙、于渤:《规模效率和技术进步对 $CO_2$ 排放影响的实证研究》,《中国人口·资源与环境》2011 年第 12 期。

姚晓艳、李媛、文琦:《热电行业低碳经济评价指标体系研究》,《宁夏大学学报》(自然科学版) 2010 年第 4 期。

姚洋:《农地制度与农业绩效的实证研究》,《中国农村观察》1998 年第 6 期。

姚洋:《非农就业结构与土地租赁市场的发育》,《中国农村观察》1999 年第 2 期。

叶剑平、蒋妍、丰雷:《中国农村农地流转市场的调查研究——基于 2005 年 17 省调查的分析和建议》,《中国农村观察》2006 年第 4 期。

游和远、吴次芳:《土地利用的碳排放效率及其低碳优化——基于能源消耗的视角》,《自然资源学报》2010 年第 11 期。

俞海、黄季焜、Scott Rozelle:《地权稳定性、农地流转与农地资源持续利用》,《经济研究》2003 年第 9 期。

喻永红、张巨勇:《农户采用水稻 IPM 技术的意愿及其影响因素——基于湖北省的调查数据》,《中国农村经济》2009 年第 11 期。

乐章:《农民农地流转意愿及解释——基于十省份千户农民调查数据的实证分析》,《农业经济问题》2010 年第 2 期。

曾雅婷、金燕红、吕亚荣:《农户劳动力禀赋、农地规模与农机社会化服务采纳行为分析——来自豫鲁冀的证据》,《农业现代化研究》2017 年第 6 期。

张兵、张宁、张轶凡:《农业适应气候变化措施绩效评价——基于苏北 GEF 项目区 300 户农户的调查》,《农业技术经济》2011 年第 7 期。

张灿强、王莉、华春林:《中国主要粮食生产的化肥削减潜力及其碳减排效应》,《资源科学》2016 年第 4 期。

张锋:《中国化肥投入的面源污染问题研究——基于农户施用行为的视角》,南京农业大学博士学位论文,2011 年。

张复宏、宋晓丽、霍明:《果农对过量施肥的认知与测土配方施肥技术采纳行为的影响因素分析——基于山东省 9 个县（市、区）的调查》，《中国农村观察》2017 年第 3 期。

张福锁、王激清、张卫峰：《中国主要粮食作物肥料利用率现状与提高途径》，《土壤学报》2008 年第 5 期。

张广胜、王珊珊：《中国农业碳排放的结构、效率及其决定机制》，《农业经济问题》2014 年第 7 期。

张晖、胡浩：《农业面源污染的环境库兹涅茨曲线验证——基于江苏省时序数据的分析》，《中国农村经济》2009 年第 4 期。

张利国：《垂直协作方式对水稻种植农户化肥施用行为影响研究——基于江西省 189 户农户的调查数据》，《农业经济问题》2008 年第 3 期。

张利国：《农户从事环境友好型农业生产行为研究——基于江西省 278 份农户问卷调查的实证分析》，《农业技术经济》2011 年第 6 期。

张利国：《新中国成立以来我国粮食主产区粮食生产演变探析》，《农业经济问题》2013 年第 1 期。

张林秀：《农户经济学基本理论概述》，《农业技术经济》1996 年第 3 期。

张强、巨晓棠、张福锁：《应用修正的 IPCC2006 方法对中国农田 $N_2O$ 排放量重新估算》，《中国生态农业学报》2010 年第 1 期。

张卫峰、季玥秀、马骥：《中国化肥消费需求影响因素及走势分析（Ⅱ种植结构)》，《资源科学》2008 年第 1 期。

张艳、漆雁斌、贾阳：《低碳农业与碳金融良性互动机制研究》，《农业经济问题》2011 年第 6 期。

赵其国、钱海燕：《低碳经济与农业发展思考》，《生态环境学报》2009 年第 5 期。

赵旭强、穆月英、陈阜：《保护性耕作技术经济效益及其补贴政策的总体评价——来自山西省农户问卷调查的分析》，《经济问题》2012 年第 2 期。

赵旭强、穆月英、陈阜：《保护性耕作及其补贴的经济学分析》，《农业经济》2012 年第 2 期。

赵耀辉：《中国农村劳动力流动及教育在其中的作用——以四川省为基础的研究》，《经济研究》1992 年第 2 期。

赵志耘、杨朝峰：《中国碳排放驱动因素分解分析》，《中国软科学》2012 年第 6 期。

郑恒、李跃：《低碳农业发展模式探析》，《农业经济问题》2011 年第 6 期。

郑微微、徐雪高:《江苏省化肥施用强度变化驱动因子分解及其影响因素分析》,《华中农业大学学报》(社会科学版) 2017 年第 4 期。

郑鑫:《丹江口库区农户有机肥施用的影响因素分析》,《湖南农业大学学报》(社会科学版) 2010 年第 1 期。

钟甫宁、纪月清:《土地产权、非农就业机会与农户农业生产投资》,《经济研究》2009 年第 12 期。

中国国家气候变化对策协调小组:《中华人民共和国气候变化初始国家信息通报》,中国计划出版社 2004 年版。

钟太洋、黄贤金、王柏源:《非农业就业对农户施用有机肥的影响》,《中国土地科学》2011 年第 11 期。

钟婷婷、郑晶、廖福霖:《省域低碳农业发展水平评价研究》,《福建农林大学学报》(哲学社会科学版) 2014 年第 6 期。

周栋良:《环洞庭湖区两型农业生产体系研究》,湖南农业大学博士学位论文,2010 年。

周娟:《农地流转背景下农业社会化服务体系的重构与小农的困境》,《南京农业大学学报》(社会科学版) 2017 年第 6 期。

周曙东、张宗毅:《农户农药施药效率测算、影响因素及其与农药生产率关系研究——对农药损失控制生产函数的改进》,《农业技术经济》2013 年第 3 期。

朱萌、齐振宏、罗丽娜:《不同类型稻农保护性耕作技术采纳行为影响因素实证研究——基于湖北、江苏稻农的调查数据》,《农业现代化研究》2015 年第 4 期。

Adams D M, Alig R J, McCarl B A, et al., "Minimum Cost Strategies for Sequestering Carbon in Forests", *Land Economics*, Vol.75, 1999, pp. 360-374.

Antle J M, Capalbo S M, Mooney S, et al., "Economic Analysis of Agricultural Soil Carbon Sequestration: An Integrated Assessment Approach", *Journal of Agricultural and Resource Economics*, Vol.26, 2001, pp.344-367.

Antle J M, Capalbo S M, "Agriculture as a Managed Ecosystem: Policy Implication", *Journal of Agricultural and Resource Economics*, Vol.27, 2002, pp.1-15.

Antle J M, Capalbo S M, Mooney S, "Sensitivity of Carbon Sequestration Costs to Soil Carbon Rates", *Environmental Pollution*, Vol.116, 2002, pp.413–422.

Antle J M, Diagana B, "Creating Incentives for the Adoption of Sustainable Agricultural Practices in Developing Countries: The Role of Soil Carbon Sequestration", *American Journal of Agricultural Economics*, Vol.85, 2003, pp.1178–1184.

Arellanes P, Lee D R, "The Determinants of Adoption of Sustainable Agricultural Technologies: Evidence from the Hillsides of Honduras", *Proceedings of the 25th International Conference of Agricultural Economics*, Durban, 2003, pp.693–699.

Battese G E, Coelli T J, "A Model for Technical Inefficiency Effects in a Stochastic Frontier Production Function for Panel Data", *Empirical Economics*, Vol.20, 1995, pp.325–332.

Bayramoglu B, Chakir R, "The Impact of High Crop Prices on the Use of Agrochemical Inputs in France: A Structural Econometric Analysis", *Land Use Policy*, Vol.55, 2016, pp.204–211.

Beauchemin K A, Janzen H H, Little S M, "Mitigation of Greenhouse Gas Emissions from Beef Production in Western Canada-Evaluation using Farm-based Life Cycle Assessment", *Animal Feed Science and Technology*, Vol.166–167, 2011, pp.663–677.

Beltran J, White C B, Burton M, et al., "Determinants of Herbicide Use in Rice Production in the Philippines", *Agricultural Economics*, Vol.44, 2013, pp.45–55.

Bewket W, "Factors Soil and Water Conversation Intervention with Conventional Technologies in Northwestern Highlands of Ethiopia: Acceptance and Adoption by Farmers", *Land Use Policy*, Vol.24, 2007, pp.404–416.

Bowlus A J, Sicular T, "Moving towards Markets? Labor Allocation in Rural China", *Journal of Development Economics*, Vol.71, 2003, pp.561–563.

Campbell C A, Mconkey B G, Zentner R P, et al., "Tillage and Crop Rotation Effects on Soil Organic C and N in a Course-textured Typic Haploboroll in Southwestern Saskatchewan", *Soil Tillage Research*, Vol.

37, 1996, pp.3-14.

Carter M R, Sanderson J B, Ivany J A, et al., "Influence of Rotation and Tillage on Forage Maize Productivity, Weed Species, and Soil Quality of a Fine Sandy Loam in the Cool -humid Climate Atlantic Canada", *Soil Tillage Research*, Vol.67, 2002, pp. 85-98.

Carter M R, Yao Y, "Local versus Global Separability in Rural Household Model: The Factor Price Equalization Effect on Land Transfer Rights", *American Journal of Agricultural Economics*, Vol.84, 2002, pp.702-715.

Chambers R, Karagiannis G, Vangelis T, "Another Look at Pesticide Productivity and Pest Damage", *American Journal of Agricultural Economics*, Vol.92, 2010, pp.1401-1409.

Choi S W, Sohngen B, "The Optimal Choice of of Residue Management, Crop Rotations and Cost of Carbon Sequestration: Empirical Results in the Midwest US", *Climatic Change*, Vol.99, 2010, pp. 279-294.

Chung Y H, Fare R, Grosskopf S, "Productivity and Undesirable Outputs: A Directional Distance Function Approach", *Journal of Environmental Management*, Vol.51, 1997, pp.229-240.

Coventry D R, Poswal R S, Yadov A, et al., "A Comparison of Farming Practices and Performance for Wheat Production in Haryana, India", *Agricultural Systems*, Vol.137, 2015, pp.139-153.

De Brauw A, Huang J, Rozelle S, Zhang L, Zhang Y, "The Evolution of China's Rural Labor Markets during the Reforms", *Journal of Comparative Economics*, Vol.30, 2002, pp.329-353.

De Brauw A, Rozelle S, "Migration and Household Investment in Rural China", *China Economic Review*, Vol.19, 2008, pp.320-335.

Defrancesco E, Gatto P, Runge F, et al., "Factors Affecting Farmers' Participation in Agro-environmental Measures: A Northern Italian Perspective", *Journal of Agricultural Economics*, Vol.59, 2008, pp.114-131.

Department of Trade and Industry (DTI), "UK Energy White Paper: Our Energy Future-Creating a Low Carbon Economy", 2003.

D'Emden F H, Llewellyn Y, Burton M, "Factors Influencing Adoption of Conversation Tillage in Australian Cropping Regions", *The Australian*

*Journal of Agricultural and Resource Economics*, Vol.52, 2008, pp.169–182.

Dhehibi B, Lachaai I, Elloumi M, et al., "Measuring Irrigation Water Use Efficiency Using Stochastic Production Frontier: An Application on Citrus Producing Farms in Tunisia", *African Journal of Agricultural and Resource Economics*, No.1, 2007, pp.1–15.

Doole G J, Pannell D J, "Empirical Evaluation of Nonpoint Pollution Policies under Agent Heterogeneity: Regulating Intensive Dairy Production in the Waikato Region of New Zealand", *The Australian Journal of Agricultural and Resource Economics*, Vol.56, 2011, pp.82–101.

Dyer J A, Kulshreshtha S N, McConkey B G, "An Assessment of Fossil Fuel Energy Use and $CO_2$ Emissions from Field Operations using a Regional Level Crop and Land Use Database for Canada", *Energy*, Vol.35, 2010, pp.2261–2269.

Fischer G, Winiwarter W, Ermolieva T, et al., "Integrated Modeling Framework for Assessment and Mitigation of Nitrogen Pollution from Agriculture: Concept and Case Study for China", *Agriculture, Ecosystems & Environment*, Vol.136, 2010, pp.116–124.

Follett R F, "Soil Manage Concepts and Carbon Sequestration in Cropland Soils", *Soil Tillage Research*, Vol.61, 2001, pp.77–92.

Fowler R, Rockstrom J, "Conservation Tillage for Sustainable Agriculture: An Agrarian Revolution Gathers Momentum in Africa", *Soil Tillage Research*, Vol.61, 2001, pp.93–107.

Fraser R, "Moral Hazard, Targeting and Contract Duration in Agri-Environmental Policy", *Journal of Agricultural Economics*, Vol.63, 2012, pp.56–64.

Friedl B, Getzner M, "Determinants of $CO_2$ Emissions in a Small Open Economy", *Ecological Economics*, Vol. 45, 2003, pp.133–148.

Gedara K M, Wilson C, Pascoe S, et al., "Factors Affecting Technical Efficiency of Rice Farmers in Village Reservoir Irrigation Systems of Sri Lanka", *Journal of Agricultural Economics*, Vol.63, 2012, pp.627–638.

Ghosh N, "Reducing Dependence on Chemical Fertilizers and Its Economic Implications for Farmers in India", *Ecological Economics*, Vol.49, 2004, pp.149–162.

Giller K E, Witter E, Corbeels M, et al., "Conservation Agriculture and Smallholder Farming in Africa: The Heretics' View", *Field Crops Research*, Vol.114, 2009, pp.23–34.

Grace P R, Antle J, Ogle M, et al., "Soil Carbon Sequestration Rates and Associated Economic Costs for Farming System of Southeastern Australia", *Soil Research*, Vol.48, 2010, pp. 720–729.

Grace P R, Antle J, Aggarwal P K, et al., "Soil Carbon Sequestration and Associated Economic Costs for Farming System of the Indo–Gangetic Plain: A Meta–analysis", *Agriculture, Ecosystems and Environment*, Vol.146, 2012, pp.137–146.

Graff–Zivin J, Lipper L, "Poverty, Risk and the Supply of Soil Carbon Sequestration", *Environment and Development Economics*, Vol.13, 2008, pp.353–374.

Hertwich E G, Peters G P, "Carbon Footprint of Nations: A Global Trade–Linked Analysis", *Environmental Science & Technology*, Vol.43, 2009, pp.6414–6420.

Huang J, Hu R, Pray C, et al., "Biotechnology as an Alternative to Chemical Pesticide: A Case Study of Bt Cotton in China", *Agricultural Economics*, Vol. 29, 2003, pp.55–67.

Huang J, Qiao F, Zhang L, et al., "Farm Pesticide, Rice Production and Human Health in China", Singapore: Economy and Environment Program for Southeast Asia, 2010.

Huang W, "Using Insurance to Enhance Nitrogen Fertilizer Application timing to Reduce Nitrogen Losses", *Journal of Agricultural and Applied Economics*, Vol.34, 2002, pp.131–148.

IPCC, "Climate change 2007: Mitigation of Climate Change. Contribution of Working Group III to the Fourth Assessment Report of the Intergovernmental Panel on Climate Change", United Kingdom: Cambridge University Press, 2007, pp.63–67.

Jaraite J, Kazukauskas A, "The Effect of Mandatory Agro–environmental Policy on Farm Fertilizer and Pesticide Expenditure", *Journal of Agricultural*

*Economics*，Vol.63，2012，pp.656-676.

Kaneko S，Tanaka K，Toyota T，"Water Efficiency of Agricultural Production in China：Regional Comparison from 1999 to 2002"，*International Journal of Agricultural Resources*，Governance and Ecology，No. 3，2004，pp. 231-251.

Karagiannis G，Tzouvelekas V，Xepapadeas A，"Measuring Irrigation Water Efficiency with a Stochastic Production Frontier"，Environmental and Resource Economics，Vol.26，2003，pp.52-72.

Klaus D，Jin S，"The Potential of Land Rental Markets in the Process of Economic Development：Evidence from China"，*Journal of Development Economics*，Vol.78，2005，241-270.

Knoke T，Steinbeis O，Bosch M，"Cost-effective Compensation to Avoid Carbon Emissions from Forest Loss：An Approach to Consider Pricequ-antity Effects and Risk-aversion"，*Ecological Economics*，Vol.70，2011，pp.1139-1153.

Knowler D，Bradshaw B，"Farmer's Adoption of Conservation Agriculture：A Review and Synthesis of Recent Research"，*Food Policy*，Vol.32，2007，pp. 25-48.

Kormawa P，Munyemana A，Soule B，"Fertilizer Market Reforms and Factors Influencing Fertilizer Use by Small-scale Farmers in Benin"，*Agriculture*，*Ecosystem and Environment*，Vol. 100，2003，pp.129-136.

Kung J K，"Common Property Right and Land Reallocations in Rural China：Evidence from a Village Survey"，*World Development*，Vol. 28，2000，pp.701-709.

Kung J K，"Off-farm Labor Markets and the Emergence of Land Rental Market in Rural China"，*Journal of Comparative Economics*，Vol.30，2002，pp. 395-414.

Lal R，Griffin M，Apt J，"Managing Soil Carbon"，*Science*，Vol. 304，2004a，pp.393.

Lal R，"Soil Carbon Sequestration Impacts on Global Climate Change and Food Security"，*Science*，Vol. 304，2004b，pp.1623-1627.

Lambert D M，Sullivan P，Claassen R，et al.，"Profiles of US Farm

Households Adopting Conservation Compatible Practices", *Land Use Policy*, Vol.24, 2007, pp.72–88.

Lichtenberg E, Zilerman D, "The Econometrics of Damage Control: Why Specification Matters", *American Journal of Agricultural Economics*, Vol. 68, 1986, pp.261–273.

Lozano S, Gutierrez E, "Non –parametric Frontier Approach to Modeling Relationship among Population, GDP, Energy Consumption and $CO_2$ Emission", *Ecological Economics*, Vol. 66, 2008, pp.687–699.

Macary C S, Keil A, Zeller M, et al., "Land Tilling Policy and Soil Conservation in the Northern Uplands of Vietnam", *Land Use Policy*, Vol. 27, 2010, pp.617–627.

McCarl B A, Schneider U, "Curbing Greenhouse Gases: Agriculture's Role", *Choices*, First Quarter, 1999, pp.9–12.

McCarl B A, Adams D M, Alig R, et al., "Analysis of Biomass Fueled Electrical Powerplants: Implications in the Agricultural and Forestry Sectors", *Annals of Operations Research*, Vol.94, 2000, pp.37–55.

McCarl B A, Schneider U, "U. S. Agriculture's Role in a Greenhouse Gas Emission Mitigation World: An Economic Perspective", *Review of Agricultural Economics*, Vol.22, 2000, pp.134–159.

McCarl B A, Schneider U. "Greenhouse Gas Mitigation in U. S. Agriculture and Forestry", *Science*, Vol.294, 2001, pp.2481–2482.

Mielnik O, Goldemberg J, "The Evolution of the 'Carbonization Index' in Developing Countries", *Energy Policy*, Vol. 27, 1999, pp.307–308.

Mills J H, Waite T A, "Economics Prosperity, Biodiversity Conservation and the Environmental Kuznets Curve", *Ecological Economics*, Vol.68, 2009, pp. 2087–2095.

Mooney S, Antle J M, Capalbo S M, et al., "Influence of Project Scale and Carbon Variability on the Costs of Measuring Soil Carbon Credit", *Environmental Management*, Vol.33, 2004, pp.252–263.

Moreno G, Sunding D L, "Simultaneous Estimation of Technology Adoption and Land Allocation", *Paper Prepared for Presentation at the American Agricultural Economics Association Annual Meeting*, 2003.

Murry B C, "The Overview of Agricultural and Forestry GHG Offsets on the US Landscape", *Choices*, No.3, 2004, pp.14–18.

Neuman A D, Belcher K W, "The Contribution of Carbon–based Payments to Wetland Conservation Compensation on Agricultural Landscapes", *Agricultural System*, Vol.104, 2011, pp.75–81.

Nin–Pratt A, McBride L, "Agricultural Intensification in Ghana: Evaluating the Optimist's Case for a Green Revolution", *Food Policy*, Vol.48, 2014, pp.153–167.

Omer A, Pascual U, Russell N P, "Biodiversity Conservation and Productivity in Intensive Agricultural Systems", *Journal of Agricultural Economics*, Vol.58, 2007, pp.308–329.

Parks P, Hardie I, "Least –cost Forest Carbon Reserves: Cost –effective Subsidies to Convert Marginal Agricultural Land", *Land Economics*, Vol. 71, 1995, pp. 122–136.

Paustian K, Andren O, Janzen H H, et al., "Agricultural Soil as a Sink to Mitigate $CO_2$ Emissions", *Soil Use Manage*, Vol.13, 1997, pp.230–244.

Pautsch G R, Kurkalova L A, Babcock B A, "The Efficiency of Sequestering Carbon in Agricultural Soils", *Contemporary Economic Policy*, Vol.19, 2001, pp.123–134.

Payne J, Femandez, Comejo J, et al., "Factors Affecting the Likelihood of Corn Root Warm Bt Seed Adoption", *Paper Prepared for Presentation at Western American Agricultural Economics Association Annual Meeting*, 2003.

Peters G P, "From Production–based to Consumption–based National Emission Inventories", *Ecological Economics*, Vol.65, 2008, pp.13–23.

Peters G P, Hertwich E G, "$CO_2$ Embodied in International Trade with Implication for Global Climate Policy", *Environmental Science & Technology*, Vol.42, 2008, pp.1401–1407.

Powlson D S, Gregory P J, Whalley W R, "Soil Management in Relation to Sustainable Agriculture and Ecosystem Services", *Food Policy*, Vol. 36, 2011, pp.572–587.

Qaim M, Janvry A, "Genetically Modified Crops, Corporate Pricing Strategies and Farmers' Adoption: The Case of BT Cotton in Argentina", *American Journal of Agricultural Economics*, Vol.85, 2003.

Ragasa C, Chapoto A, "Limits to Green Revolution in Rice in Africa: The Case of Ghana", *Land Use Policy*, Vol.66, 2017, pp.304-321.

Ramanathan R, "An Analysis of Energy Consumption and Carbon Dioxide Emission in Countries of the Middle East and North Africa", Energy, Vol. 30, 2005, pp.2831-2842.

Reinhard S, Lovell C A K, Thijssen G J, "Econometric Estimation of Technical and Environmental Efficiency: An Application to Dunch Dairy Farms", *American Journal of Agricultural Economics*, Vol.81, 1999, pp. 44-66.

Reinhard S, Lovell C A K, Thijssen G J, "Environmental Efficiency with Multiple Environmentally Detrimental Variables: Estimated with SFA and DEA", *European Journal of Operational Research*, Vol.121, 2000, pp. 287-303.

Rozelle S, Taylor J E, De Brauw A, "Migration, Remittances and Agricultural Productivity in China", *American Economic Review*, Vol.89, 1999, pp. 287-291.

Sattlera C, Nagel U J, "Factors Affecting Farmers' Acceptance of Conversation Measures", *Land Use Policy*, Vol.27, 2010, pp.70-77.

Schneider U A, "Agricultural Sector Analysis on Greenhouse Gas Emission Mitigation in the United States", Texas: Texas A&M University, 2000.

Sun J, "The Decrease of $CO_2$ Emission Intensity is Decarburization at National and Global Levels", *Energy Policy*, Vol.33, 2005, pp.975-978.

Sun S, Delgado M S, Sesmero J P, "Dynamic Adjustment in Agricultural Practices to Economic Incentives Aiming to Decrease Fertilizer Application", *Journal of Environmental Management*, Vol.177, 2016, pp.192-201.

Sheahan M, Barrett C B, "Ten Striking Facts about Agricultural Input Use in Sub-Saharan Africa", *Food Policy*, Vol.67, 2017, pp.12-25.

Tiedemann T, Latacz-Lohmann U, "Production Risk and Technical Efficiency in Organic and Conventional Agriculture -The Case of Arable Farms in Germany", *Journal of Agricultural Economics*, Vol.64, 2013, pp.73-96.

Vandyke L S, Bosch D J, Pease J W, "Impact of Within –Farm Soil Variability on Nitrogen Pollution Control Cost", *Journal of Agricultural and Applied Economics*, Vol.31, 1999, pp.149–159.

Vignola R, Koellner T, Scholz R W, et al., "Decision Making by Farmers Regarding Ecosystem Services: Factors Affecting Soil Conservation Efforts in Costa Rica", *Land Use Policy*, Vol.27, 2010, pp.1132–1142.

Waithaka M M, Thomton P K, Shepherd K D, et al., "Factors Affecting the Use of Fertilizer and Manure by Smallholders: The Case of Vihiga, Western Kenya", *Nutrient Cycling in Agroecosystems*, Vol.78, 2007, pp. 211–224.

Walder A, "Income Determination and Market Opportunity in Rural China, 1978–1996", *Journal of Comparative Economics*, Vol.30, 2002, pp.354–375.

Wan G, Cheng E, "Effects of Land Fragmentation and Returns to Scale in the Chinese Farming Sector", Applied Economics, Vol.33, 2001, pp.183–194.

Wang C, Chen J, Zhou J, "Decomposition of Energy–related $CO_2$ Emissions in China 1957–2000", Energy, No.1, 2005, pp.73–83.

Weber C L, Peters G P, Guan D, et al., "The Contribution of China Exports to Climate Change", *Energy Policy*, Vol.36, 2008, pp.3572–3577.

West T O, Marland G, "A Synthesis of Carbon Sequestration, Carbon Emissions, and Net Carbon Flux in Agriculture: Comparing Tillage Practices in the United States", *Agriculture, Ecosystems and Environment*, Vol. 91, 2002, pp.217–232.

West T O, Marland G, "Net Carbon Flux from Agricultural Ecosystem: Methodology for Full Carbon Cycle Analyses", *Environmental Pollution*, Vol. 116, 2002, pp.439–444.

Xin L, Li X, Tan M, "Temporal and Regional Variations of China's Fertilizer Consumption by Crops during 1998 –2008", *Journal of Geographical Sciences*, Vol.22, 2012, pp.643–652.

Yang X, Drury C F, Reynolds W D, et al., "Impacts of Long–term and Recently Imposed Tillage Practices on the Vertical Distribution of Soil

Organic Carbon", *Soil Tillage Research*, Vol.12, 2008, pp.120–124.

Yao Y, "The Development of the Land Lease Market in Rural China", *Land Economics*, Vol.76, 2000, pp.252–266.

Yi F, Sun D, Zhou Y, "Grain Subsidy, Liquidity Constraints and Food Security–Impact of the Grain Subsidy Program on the Grain–Sown Areas in China", *Food Policy*, Vol.50, 2015, pp.114–124.

Zaim O, Taskin F, "Environmental Efficiency in Carbon Dioxide Emission in the OECD: A Non –parametric Approach", *Journal of Environmental Management*, Vol.58, 2000, pp.21–36.

Zhang Z, Qu J, Zeng J, "A Quantitative Comparison and Analysis on the Assessment Indicators of Greenhouse Gases Emission", *Journal of Geographical Sciences*, Vol.18, 2008.

Zhou P, Ang B W, Han J, "Total Factor Carbon Emission Performance: A Malmquist Index Analysis", *Energy Economics*, Vol.32, 2010, pp.194–201.

Zofio J L, Prieto A M, "Environmental Efficiency and Regulatory Standard: The Case of $CO_2$ Emissions from OECD Countries", *Resource and Energy Economics*, Vol.23, 2001, pp.63–83.

# 索　引

# 后　记

本书是我在沈阳农业大学和山东农业大学农林经济管理博士后流动站从事博士后研究期间所做的成果，在博士后出站报告的基础上修改完成。回忆起两站博士后研究时光，是一段充实、上进的时光，更是一笔精神上的宝贵财富。

感谢博士后合作导师张广胜教授和葛颜祥教授的帮助和支持，还要感谢山东农业大学经济管理学院院长陈盛伟教授的帮助和支持，向三位老师表示诚挚的谢意。博士后开题过程中得到胡继连教授、董继刚教授、岳书铭教授等开题委员会老师的指导和帮助，在此表示感谢。感谢学习和工作过程中周玉玺教授、张吉国教授、史建民教授、薛兴利教授、孙世民教授、赵瑞莹教授、郑军教授、方金教授、赵伟教授、周霞教授、袁建华教授、徐宣国教授等老师的帮助和支持，感谢魏立政书记、梁希臣副院长、齐清副书记以及王园林老师、尚健老师、蔡爱萍老师、柴静老师等领导和老师在学习和工作中的帮助和支持。

感谢山东农业大学和沈阳农业大学的博士后培养。此外，还要感谢东北农业大学在本、硕、博阶段的培养，感谢硕博导师王德勇教授。博士后研究期间得到了山东农业大学经管学院领导和同事们的帮助和支持，在此感谢工商系张维老师、王仁强老师、李平英老师、谭海鸥老师、张健如老师、朱建军老师、霍明老师、李颖老师、张园园老师、李芳老师、崔丙群老师等在学习和工作中给予的支持和帮助。感谢经管学院所有老师给予的支持和帮助。

感谢钟甫宁教授、朱晶教授、郭沛教授、霍学喜教授、何秀荣教授、李玉勤研究员、罗必良教授、张俊飚教授、马恒运教授、赵敏娟教授、司伟教授、黄祖辉教授、陈建成教授、田国双教授等学术界前辈在学术周和自然基金申报等学术活动中直接和间接的指导和帮助；钟老师的《人文社会科学研究方法》报告使我获益匪浅。感谢2017年暑假调研过程中研究生们积极参与，感谢临沂市民政局和郯城县民政局协助安排调研。

2016 年 8 月，在东北财经大学参加了 1st DUFE–Groningen/Wageningen Summer School "Experiments in Developing Countries"，系统地学习了行为与实验经济学相关理论及方法；2017 年 7~8 月，在上海财经大学参加了第十一届全国高校教师暑期师资课程进修班，主要学习了现代经济学相关课程；2018 年 7 月，在沈阳农业大学参加了"农业与食品经济管理研究前沿暑期学校"，深入学习了《农产品期货与风险管理》《食品市场营销》《食品市场产业组织论》等课程。在暑期学校接触到行为与实验经济学、食品经济管理等学科前沿和理论知识，同时结识了国内外从事相关研究的学者同行，有助于今后在学术上不断提高。对暑期学校主办方表示诚挚的谢意。

先后参加了 8th CAER–IFPRI Annual Conference "Innovations in Market，Technology and Institution for Agriculture in China"、9th CAER–IFPRI Annual Conference "Agricultural Competitiveness in China：Assessment，Challenge and Options"、中国农业技术经济学术年会、中国国外农业经济学术年会、中国农林经济管理学术年会、第 15 届中国林业经济论坛、中国农业经济学术年会、中德中小企业国际研讨会、第 12 届山东经济学年会、山东社科论坛等学术会议，受益良多。

还要特别感谢家人，家人的理解和支持使我能够专心地完成学业和工作，使我能够在学业上一点一点进步。

最后，向所有关心和支持我的领导、老师、同事和朋友们表示诚挚的谢意。

# 专家推荐表

第七批《中国社会科学博士后文库》专家推荐表1

| 推荐专家姓名 | 张广胜 | 行政职务 | 院长 |
|---|---|---|---|
| 研究专长 | 农业经济管理 | 电　话 | |
| 工作单位 | 辽宁大学商学院 | 邮　编 | 110036 |
| 推荐成果名称 | 农业低碳生产综合评价与技术采用研究——以施肥和保护性耕作为例 | | |
| 成果作者姓名 | 王珊珊 | | |

（对书稿的学术创新、理论价值、现实意义、政治理论倾向及是否达到出版水平等方面做出全面评价，并指出其缺点或不足）

在传统农业向现代农业转化过程中，现代农业生产要素的投入使农业成为高碳产业，其中施肥和耕作是农业碳排放的两个主要来源。发展低碳型农业产业须依靠农业生产主体的参与，家庭经营的农户是我国农业生产的主体，这就使得我国农业产业的低碳发展必须依靠广大农户的参与。伴随工业化和城镇化，农户在规模、职业等方面发生分化，而农业内部也出现了专业化分工，形成生产性服务业。书稿立足于农业、农村经济社会现实背景，针对农业碳排放以及与其密切相关的施肥和保护性耕作，从生态效益补偿、低碳技术采用、社会化服务获取等方面展开理论和实证研究，具有重要的理论价值和现实意义。

书稿的创新之处集中在以下两个方面：一是综合碳汇效益、机会成本损失、农户受偿意愿以及正在试点的农机深松补贴，得出了普惠情况和补助一定面积比例情况下的保护性耕作碳汇效益补偿标准，以及当前深松补贴标准下的最大补贴面积比例，为持续推行农机深松补贴政策和提高补贴标准提供了依据。二是将肥料施用、保护性耕作等农户生产行为与技术采用问题置于碳减排和资源环境可持续利用的框架下，结合农业分工、农户分化的现实背景，考察生产性服务市场存在下的农业低碳技术采用及农户低碳生产行为的实现，对于促进农业低碳技术推广应用和农户生产行为低碳化转变具有现实意义。

该书稿的完成反映出作者较好地掌握了农业经济管理专业的学科知识体系，具备综合运用这些知识的能力，独立从事科学研究的能力也比较高。书稿结构安排合理，研究思路清晰，研究视角新颖，研究方法可行，文字得当，具有一定的创新性。

书稿的不足之处是：在农户施肥行为及保护性耕作农机服务采用研究中，作者都强调规模农户和普通小规模农户存在差别，从实证研究看，分组后的样本量明显偏少。如果能够将样本扩大到更大范围，并增加样本容量，则可为全书的结论提供进一步的支撑。

总而言之，书稿通过理论分析与实证检验对选题进行了较为严密的论证，研究结论具有一定的理论创新和现实意义，且政治理论倾向正确，已经达到公开出版的水平。

签字：张广胜

2018年1月10日

**说明**：该推荐表由具有正高职称的同行专家填写。一旦推荐书稿入选《中国社会科学博士后文库》，推荐专家姓名及推荐意见将印入著作。

## 第七批《中国社会科学博士后文库》专家推荐表 2

| 推荐专家姓名 | 葛颜祥 | 行政职务 | |
|---|---|---|---|
| 研究专长 | 农业经济管理 | 电　话 | |
| 工作单位 | 山东农业大学经济管理学院 | 邮　编 | 271018 |
| 推荐成果名称 | 农业低碳生产综合评价与技术采用研究——以施肥和保护性耕作为例 | | |
| 成果作者姓名 | 王珊珊 | | |

（对书稿的学术创新、理论价值、现实意义、政治理论倾向及是否达到出版水平等方面做出全面评价，并指出其缺点或不足）

气候变化是当今最严峻的全球环境问题之一，发展低碳经济是应对气候变化和保障能源安全的根本途径。农业是碳排放的重要来源，建立低碳排放型农业产业体系，对于我国这样的农业大国来说尤为重要。书稿在对农业碳排放和低碳农业进行测度、评价及决定研究的基础上，针对肥料施用和农田耕作两个碳排放主要来源，从生态效益补偿、低碳技术采用、社会化服务及其获取渠道等方面进行了理论和实证研究，具有重要的理论价值和现实意义。

书稿与单一的理论研究不同，而是从实际应用的角度进行研究，选题具有良好的学术前沿性和开创性。以保护性耕作为例，这是一种新型耕作技术，具有固碳减排、保持水土等生态环境服务功能，但是其生态效益存在明显的外部性，一定程度上阻碍了新技术推广，因此有必要构建生态效益补偿机制以推动耕作方式变革。在对农业碳排放和农户低碳生产行为进行研究的基础上，书稿从固碳减排功能的角度构建保护性耕作生态效益补偿机制，综合碳汇效益、机会成本损失、农户受偿意愿和保护性耕作试点补贴确定生态效益补偿标准，研究方法得当并具有一定的创新性。该项研究对于丰富农业生态效益补偿理论和可持续发展理论具有重要的学术价值，将为下一步全面的保护性耕作生态效益补偿制度的构建奠定基础。构建生态效益补偿机制后，书稿结合农业分工、农户分化的经济社会大背景，实证分析了保护性耕作技术采用及农机服务实现方式，这部分研究也很有特色。

书稿在研究视角、研究内容、研究方法等方面都表现出一定的创新，比如基于生命周期角度构建农业碳排放测度体系，能够更全面清楚地分析农业碳排放的总量和结构变化；运用微观计量方法对农户农业生产碳排放程度及施肥、保护性耕作等与碳排放有关的行为进行实证分析，在一定程度上对传统的农户生产行为研究进行了拓展，因此更加符合生态文明建设和农业绿色发展的要求。

书稿的不足之处是：由于数据较难获取等客观原因，全书没能更全面地进行实证研究，而仅以山东、辽宁两省的三个县作为调查区域，对相关数据进行实证分析。虽然结论基本符合预期，但是若将样本进一步扩展到更大范围，可为本书的研究结论提供更可靠的支撑。

总体来看，本书稿具有一定的理论价值和现实意义，且政治理论倾向正确，已经达到公开出版的水平。

签字：

2018 年 1 月 16 日

**说明：** 该推荐表由具有正高职称的同行专家填写。一旦推荐书稿入选《中国社会科学博士后文库》，推荐专家姓名及推荐意见将印人著作。

# 经济管理出版社
## 《中国社会科学博士后文库》
## 成果目录

第一批《中国社会科学博士后文库》（2012 年出版）

| 序号 | 书　名 | 作　者 |
|:---:|:---|:---:|
| 1 | 《"中国式"分权的一个理论探索》 | 汤玉刚 |
| 2 | 《独立审计信用监管机制研究》 | 王　慧 |
| 3 | 《对冲基金监管制度研究》 | 王　刚 |
| 4 | 《公开与透明：国有大企业信息披露制度研究》 | 郭媛媛 |
| 5 | 《公司转型：中国公司制度改革的新视角》 | 安青松 |
| 6 | 《基于社会资本视角的创业研究》 | 刘兴国 |
| 7 | 《金融效率与中国产业发展问题研究》 | 余　剑 |
| 8 | 《进入方式、内部贸易与外资企业绩效研究》 | 王进猛 |
| 9 | 《旅游生态位理论、方法与应用研究》 | 向延平 |
| 10 | 《农村经济管理研究的新视角》 | 孟　涛 |
| 11 | 《生产性服务业与中国产业结构演变关系的量化研究》 | 沈家文 |
| 12 | 《提升企业创新能力及其组织绩效研究》 | 王　涛 |
| 13 | 《体制转轨视角下的企业家精神及其对经济增长的影响》 | 董　昀 |
| 14 | 《刑事经济性处分研究》 | 向　燕 |
| 15 | 《中国行业收入差距问题研究》 | 武　鹏 |
| 16 | 《中国土地法体系构建与制度创新研究》 | 吴春岐 |
| 17 | 《转型经济条件下中国自然垄断产业的有效竞争研究》 | 胡德宝 |

第二批《中国社会科学博士后文库》（2013 年出版）

| 序号 | 书 名 | 作 者 |
|---|---|---|
| 1 | 《国有大型企业制度改造的理论与实践》 | 董仕军 |
| 2 | 《后福特制生产方式下的流通组织理论研究》 | 宋宪萍 |
| 3 | 《基于场景理论的我国城市择居行为及房价空间差异问题研究》 | 吴 迪 |
| 4 | 《基于能力方法的福利经济学》 | 汪毅霖 |
| 5 | 《金融发展与企业家创业》 | 张龙耀 |
| 6 | 《金融危机、影子银行与中国银行业发展研究》 | 郭春松 |
| 7 | 《经济周期、经济转型与商业银行系统性风险管理》 | 李关政 |
| 8 | 《境内企业境外上市监管若干问题研究》 | 刘 轶 |
| 9 | 《生态维度下土地规划管理及其法制考量》 | 胡耘通 |
| 10 | 《市场预期、利率期限结构与间接货币政策转型》 | 李宏瑾 |
| 11 | 《直线幕僚体系、异常管理决策与企业动态能力》 | 杜长征 |
| 12 | 《中国产业转移的区域福利效应研究》 | 孙浩进 |
| 13 | 《中国低碳经济发展与低碳金融机制研究》 | 乔海曙 |
| 14 | 《中国地方政府绩效评估系统研究》 | 朱衍强 |
| 15 | 《中国工业经济运行效益分析与评价》 | 张航燕 |
| 16 | 《中国经济增长：一个"被破坏性创造"的内生增长模型》 | 韩忠亮 |
| 17 | 《中国老年收入保障体系研究》 | 梅 哲 |
| 18 | 《中国农民工的住房问题研究》 | 董 昕 |
| 19 | 《中美高管薪酬制度比较研究》 | 胡 玲 |
| 20 | 《转型与整合：跨国物流集团业务升级战略研究》 | 杜培枫 |

第三批《中国社会科学博士后文库》(2014 年出版)

| 序号 | 书 名 | 作 者 |
|---|---|---|
| 1 | 《程序正义与人的存在》 | 朱 丹 |
| 2 | 《高技术服务业外商直接投资对东道国制造业效率影响的研究》 | 华广敏 |
| 3 | 《国际货币体系多元化与人民币汇率动态研究》 | 林 楠 |
| 4 | 《基于经常项目失衡的金融危机研究》 | 匡可可 |
| 5 | 《金融创新及其宏观效应研究》 | 薛昊旸 |
| 6 | 《金融服务县域经济发展研究》 | 郭兴平 |
| 7 | 《军事供应链集成》 | 曾 勇 |
| 8 | 《科技型中小企业金融服务研究》 | 刘 飞 |
| 9 | 《农村基层医疗卫生机构运行机制研究》 | 张奎力 |
| 10 | 《农村信贷风险研究》 | 高雄伟 |
| 11 | 《评级与监管》 | 武 钰 |
| 12 | 《企业吸收能力与技术创新关系实证研究》 | 孙 婧 |
| 13 | 《统筹城乡发展背景下的农民工返乡创业研究》 | 唐 杰 |
| 14 | 《我国购买美国国债策略研究》 | 王 立 |
| 15 | 《我国行业反垄断和公共行政改革研究》 | 谢国旺 |
| 16 | 《我国农村剩余劳动力向城镇转移的制度约束研究》 | 王海全 |
| 17 | 《我国吸引和有效发挥高端人才作用的对策研究》 | 张 瑾 |
| 18 | 《系统重要性金融机构的识别与监管研究》 | 钟 震 |
| 19 | 《中国地区经济发展差距与地区生产率差距研究》 | 李晓萍 |
| 20 | 《中国国有企业对外直接投资的微观效应研究》 | 常玉春 |
| 21 | 《中国可再生资源决策支持系统中的数据、方法与模型研究》 | 代春艳 |
| 22 | 《中国劳动力素质提升对产业升级的促进作用分析》 | 梁泳梅 |
| 23 | 《中国少数民族犯罪及其对策研究》 | 吴大华 |
| 24 | 《中国西部地区优势产业发展与促进政策》 | 赵果庆 |
| 25 | 《主权财富基金监管研究》 | 李 虹 |
| 26 | 《专家对第三人责任论》 | 周友军 |

第四批《中国社会科学博士后文库》（2015 年出版）

| 序号 | 书　名 | 作　者 |
|---|---|---|
| 1 | 《地方政府行为与中国经济波动研究》 | 李　猛 |
| 2 | 《东亚区域生产网络与全球经济失衡》 | 刘德伟 |
| 3 | 《互联网金融竞争力研究》 | 李继尊 |
| 4 | 《开放经济视角下中国环境污染的影响因素分析研究》 | 谢　锐 |
| 5 | 《矿业权政策性整合法律问题研究》 | 郜伟明 |
| 6 | 《老年长期照护：制度选择与国际比较》 | 张盈华 |
| 7 | 《农地征用冲突：形成机理与调适化解机制研究》 | 孟宏斌 |
| 8 | 《品牌原产地虚假对消费者购买意愿的影响研究》 | 南剑飞 |
| 9 | 《清朝旗民法律关系研究》 | 高中华 |
| 10 | 《人口结构与经济增长》 | 巩勋洲 |
| 11 | 《食用农产品战略供应关系治理研究》 | 陈　梅 |
| 12 | 《我国低碳发展的激励问题研究》 | 宋　蕾 |
| 13 | 《我国战略性海洋新兴产业发展政策研究》 | 仲雯雯 |
| 14 | 《银行集团并表管理与监管问题研究》 | 毛竹青 |
| 15 | 《中国村镇银行可持续发展研究》 | 常　戈 |
| 16 | 《中国地方政府规模与结构优化：理论、模型与实证研究》 | 罗　植 |
| 17 | 《中国服务外包发展战略及政策选择》 | 霍景东 |
| 18 | 《转变中的美联储》 | 黄胤英 |

第五批《中国社会科学博士后文库》（2016 年出版）

| 序号 | 书　名 | 作　者 |
|---|---|---|
| 1 | 《财务灵活性对上市公司财务政策的影响机制研究》 | 张玮婷 |
| 2 | 《财政分权、地方政府行为与经济发展》 | 杨志宏 |
| 3 | 《城市化进程中的劳动力流动与犯罪：实证研究与公共政策》 | 陈春良 |
| 4 | 《公司债券融资需求、工具选择和机制设计》 | 李　湛 |
| 5 | 《互补营销研究》 | 周　沛 |
| 6 | 《基于拍卖与金融契约的地方政府自行发债机制设计研究》 | 王治国 |
| 7 | 《经济学能够成为硬科学吗?》 | 汪毅霖 |
| 8 | 《科学知识网络理论与实践》 | 吕鹏辉 |
| 9 | 《欧盟社会养老保险开放性协调机制研究》 | 王美桃 |
| 10 | 《司法体制改革进程中的控权机制研究》 | 武晓慧 |
| 11 | 《我国商业银行资产管理业务的发展趋势与生态环境研究》 | 姚　良 |
| 12 | 《异质性企业国际化路径选择研究》 | 李春顶 |
| 13 | 《中国大学技术转移与知识产权制度关系演进的案例研究》 | 张　寒 |
| 14 | 《中国垄断性行业的政府管制体系研究》 | 陈　林 |

第六批《中国社会科学博士后文库》（2017 年出版）

| 序号 | 书　名 | 作　者 |
|---|---|---|
| 1 | 《城市化进程中土地资源配置的效率与平等》 | 戴媛媛 |
| 2 | 《高技术服务业进口技术溢出效应对制造业效率影响研究》 | 华广敏 |
| 3 | 《环境监管中的"数字减排"困局及其成因机理研究》 | 董　阳 |
| 4 | 《基于竞争情报的战略联盟关系风险管理研究》 | 张　超 |
| 5 | 《基于劳动力迁移的城市规模增长研究》 | 王　宁 |
| 6 | 《金融支持战略性新兴产业发展研究》 | 余　剑 |
| 7 | 《清乾隆时期长江中游米谷流通与市场整合》 | 赵伟洪 |
| 8 | 《文物保护经费绩效管理研究》 | 满　莉 |
| 9 | 《我国开放式基金绩效研究》 | 苏　辛 |
| 10 | 《医疗市场、医疗组织与激励动机研究》 | 方　燕 |
| 11 | 《中国的影子银行与股票市场：内在关联与作用机理》 | 李锦成 |
| 12 | 《中国应急预算管理与改革》 | 陈建华 |
| 13 | 《资本账户开放的金融风险及管理研究》 | 陈创练 |
| 14 | 《组织超越——企业如何克服组织惰性与实现持续成长》 | 白景坤 |

第七批《中国社会科学博士后文库》(2018 年出版)

| 序号 | 书　名 | 作　者 |
|---|---|---|
| 1 | 《行为金融视角下的人民币汇率形成机理及最优波动区间研究》 | 陈　华 |
| 2 | 《设计、制造与互联网"三业"融合创新与制造业转型升级研究》 | 赖红波 |
| 3 | 《复杂投资行为与资本市场异象——计算实验金融研究》 | 隆云滔 |
| 4 | 《长期经济增长的趋势与动力研究：国际比较与中国实证》 | 楠　玉 |
| 5 | 《流动性过剩与宏观资产负债表研究：基于流量存量—致性框架》 | 邵　宇 |
| 6 | 《绩效视角下我国政府执行力提升研究》 | 王福波 |
| 7 | 《互联网消费信贷：模式、风险与证券化》 | 王晋之 |
| 8 | 《农业低碳生产综合评价与技术采用研究——以施肥和保护性耕作为例》 | 王珊珊 |
| 9 | 《数字金融产业创新发展、传导效应与风险监管研究》 | 姚　博 |
| 10 | 《"互联网+"时代互联网产业相关市场界定研究》 | 占　佳 |
| 11 | 《我国面向西南开放的图书馆联盟战略研究》 | 赵益民 |
| 12 | 《全球价值链背景下中国服务外包产业竞争力测算及溢出效应研究》 | 朱福林 |
| 13 | 《债务、风险与监管——实体经济债务变化与金融系统性风险监管研究》 | 朱太辉 |

# 《中国社会科学博士后文库》
## 征稿通知

　　为繁荣发展我国哲学社会科学领域博士后事业，打造集中展示哲学社会科学领域博士后优秀研究成果的学术平台，全国博士后管理委员会和中国社会科学院共同设立了《中国社会科学博士后文库》（以下简称《文库》），计划每年在全国范围内择优出版博士后成果。凡入选成果，将由《文库》设立单位予以资助出版，入选者同时将获得全国博士后管理委员会（省部级）颁发的"优秀博士后学术成果"证书。

　　《文库》现面向全国哲学社会科学领域的博士后科研流动站、工作站及广大博士后，征集代表博士后人员最高学术研究水平的相关学术著作。征稿长期有效，随时投稿，每年集中评选。征稿范围及具体要求参见《文库》征稿函。

　　联系人：宋　娜　主任

　　联系电话：01063320176；13911627532

　　电子邮箱：epostdoctoral@126.com

　　通讯地址：北京市海淀区北蜂窝 8 号中雅大厦 A 座 11 层经济管理出版社《中国社会科学博士后文库》编辑部

　　邮编：100038

经济管理出版社